Михаэль Лайтман

Каббала
или
квантовая физика

Что мы знаем об этом мире?

Лайтман, Михаэль
Каббала или квантовая физика
Махаэль Лайтман — 2024

ISBN 978-1-77228-188-0

Необычная научная конференция свела профессора Михаэля Лайтмана с крупнейшими учеными в области квантовой механики, которые участвовали в создании фильма «What the Bleep Do We Know?» («Что мы знаем о мире?»), собравшего в прокате более 10 миллионов долларов.

Когда этот фильм увидели в Международной академии каббалы, то были очень удивлены, насколько близко современная наука подошла к тому, что описано великими каббалистами более трех тысяч лет назад. И тогда было принято решение встретиться с этими учеными. Так родилась идея провести научную конференцию под названием «Квантовая физика встречается с каббалой».

Рассказ об этой увлекательной встрече ждет Вас уже на следующей странице.

Международная академия каббалы
под руководством профессора Михаэля Лайтмана

КУРСЫ ДИСТАНЦИОННОГО ОБУЧЕНИЯ
Бесплатно на сайте www.kabacademy.com

ОЧНАЯ ФОРМА ОБУЧЕНИЯ

Содержание

Предисловие 7

Вступление 9

ЧАСТЬ I 15
Квантовая физика встречается с каббалой 15
   Кто есть кто 15
   Встреча первая: природа материи 23
   Встреча вторая: лекции 50
   Встреча третья: сила дающая
     и сила получающая 65
Влияние каббалы на науку 76
   Встреча четвертая:
     подведение итогов конференции 76
Между каббалой и наукой 83
   Беседа первая. Модель свободы в мире
     квантовой физики .83
   Беседа вторая. Семейная ячейка 90
   Беседа третья. Личная судьба на фоне
     общей судьбы 92
   Беседа четвертая. Праведник 93
   Беседа пятая. Людские страдания 95
   Беседа шестая. Смерть тела 98
   Квантовая теория 99
   Надежность квантовой теории 110

ЧАСТЬ II ...115
Восприятие реальности ...115
   Предисловие ко второй части ...115
   Реальность или плод воображения ...115
   Подготовка правильных моделей восприятия ..116
   Как создать другую реальность ...120
   Восприятие материальных и духовных
      объектов с точки зрения ученых
      и каббалистов ...120
   Понятие «чудесное средство» ...124
   Желание Творца – насладить творения ...126
   Природа Творца ...127
   Пробуждение решимóт ...128
   Как человек изобретает новые вещи ...129
   Что такое решимо ...130
   Есть ли разница между духовными
      и материальными решимот ...132
   Почему каббала является единственной
      методикой продвижения ...133
   Четыре уровня решимот ...135
   Как постигается высшая реальность ...136
   Средства постижения духовного ...140
   Как человек воспринимает реальность ...141
   Существует ли одновременно несколько
      реальностей? ...144
   Наш мир – воображение или реальность ...146
   Как воздействовать на реальность ...148
   Абсолютного Творца нет ...151
   Что видит обычный человек ...152
   Мозг, информация, память ...154
   Что такое материя ...158

Каким я воспринимаю мир 160
Кто такой «Я» 161
Свобода выбора 162
Два подхода: «если не я — себе,
то кто — мне?» и «нет иного кроме Него» 165
Время — это кадры ощущений, впечатлений ...168
Куда мы движемся 169
Может ли каббалист перемещаться в прошлое .170
Что представляет собой наша память 171
Существует ли коллективная память 173
Наши мысли 175
Как избавиться от нежелательных мыслей 176
Причина возникновения наркотической
зависимости 176
Почему именно через науку
человек может прийти к каббале 178
Как привести мир в равновесное состояние ...183
Какова цель творения 184
Декарт, Ньютон, Эйнштейн 185
Вне нас ничего не существует 188
Есть ли связь между земными органами
чувств и духовным 189
Общий закон мироздания — альтруизм 190
Существует ли объективность 195
Инструмент исследователя 197
Что такое человеческая личность 197
Интуиция с точки зрения каббалы 198
Есть ли связь между кругооборотами жизни ...200
Получение и отдача 200
Духовное ощущение 202
«Я» и «внешний мир» существуют
внутри меня 203

Заключение 205
Приложения 209
  Словарь терминов 209
  Каббалисты о каббале и науке 219
  Исследователи и мыслители о каббале 225
  Каббала для начинающих 231
    Предисловие 231
    Основные разделы науки каббала 231
    Предмет изучения каббалы 234
    На каких данных основана каббала 235
    Цель изучения каббалы 235
    Восприятие реальности 237
    1.1. Предисловие 237
    1.2. Три составляющих реальности 238
    1.3. Каббала – наука о восприятии
        реальности 240
    1.4. Закон подобия свойств 241
    Тест 245

Предисловие

Стоит ли Вам читать эту книгу? Конечно!
Почему? Давайте разберемся.

Если Вы не считаете, что знаете об этой жизни абсолютно все, если Вы задаетесь вопросами: «Для чего я живу? Как на самом деле устроен мир? Могу ли я что-то изменить в своей жизни и в этом мире?», то вам стоило бы посмотреть американский научно-популярный фильм «What The Bleep Do We Know?» («Что мы знаем о мире?»). Фильм рассказывает о передовых концепциях современной науки.

Что мы знаем об этом мире? Учеными доказано, что наш мозг задействован далеко не полностью. Кроме того, мы владеем только той информацией, которую способны получать с помощью наших пяти органов чувств: зрения, слуха, осязания, обоняния и вкуса. А если человек слеп от рождения, каким он воспринимает этот мир? Очевидно, совсем иным, не таким, как зрячие люди. Значит, для него мир другой, а я считал, что истинный именно мой мир! Так, может, и моя информация об этом мире — не исчерпывающая, может, он на самом деле гораздо шире и разнообразнее? Скорее всего, так оно и есть: когда мы усиливаем свои зрительные возможности с помощью микроскопов и телескопов, мы можем увидеть, а значит, узнать и понять гораздо больше. А что если нам недоступны, неизвестны пока некие инструменты, которые позволят узнать мир во всей его полноте? Или все-таки такие инструменты уже есть?

Фильм имел огромный успех и в Северной Америке, и во многих странах мира. Одна проблема — к сожалению, в российском кинопрокате этого фильма пока нет. И будет ли?

Но не отчаивайтесь! Во-первых, прочитав эту книгу, вы узнаете даже больше, чем те счастливчики, которым повезло посмотреть фильм. Потому что первая часть книги — это беседы с американскими учеными — квантовыми физиками, философами и психологами, которые приняли участие в создании фильма. И не просто беседы, а споры, подкрепленные доказательствами.

Во-вторых, беседуют и спорят они с основателем и руководителем Международной академии каббалы и Института исследования каббалы им. Ашалага, биокибернетиком, доктором философии Михаэлем Лайтманом. А этого в фильме не было, потому что традиционная наука встретилась с наукой каббалой уже после создания фильма и как раз в связи с ним.

Вы ничего не слышали о каббале? Или Вы слышали, что это некое тайное учение, которое не предназначено для Вас? Так вот, в-третьих: каббала откроется для Вас во второй части книги.

И, наконец, в-четвертых: Вы сможете увидеть то, о чем прочли в этой книге — встречу Михаэля Лайтмана с американскими учеными. К книге прилагается подарок — DVD-диск с фильмом, который называется «Сан-Францисские горки».

Ваши сомнения — читать ли книгу — рассеялись? Прекрасно! Тогда увлекательного Вам чтения! Но...

Будьте готовы к серьезному языку ученых. Авторы и редакторы решили ничего не упрощать, дабы сохранить атмосферу споров и диалогов. Так что встреча с синтезом наук ждет Вас уже на следующей странице.

Вступление

Сущностью человеческой природы является желание наслаждений, постепенно, но непрерывно развивающееся с течением времени. Чтобы его реализовать, человеку необходимо без устали совершенствовать уже имеющееся, а также открывать и изобретать нечто новое. Именно рост желания наслаждений стимулирует развитие человечества на протяжении всех веков его существования.

Развитие желания подразделяется на несколько основных этапов. Первый из них характеризуется насущными физическими потребностями: кров, пища, секс или семья. Эти потребности, развившиеся на заре человеческой истории, свойственны всем живым существам. На втором этапе к ним присоединяется желание богатства. Третий этап открывает эру желаний, устремленных на почести, власть и славу, вследствие чего человечество расслаивается на классы и иерархические структуры всех сортов. Наконец, достигнув четвертого этапа, человек хочет наслаждаться знаниями о мире, в котором он живет. Желание познать мир находит свое отражение в развитии науки, а также ведет к прогрессу в сферах образования, воспитания и культуры. Влияние жажды знаний, ставшее особенно заметным начиная с эпохи Ренессанса и научной революции, продолжается и по сей день. Желание познать мир требует от человека изучать окружающую его действительность.

Чтобы понять нынешнее состояние человечества и его перспективы на будущее, нам нужно выстроить исторический мост между несколькими вехами научного развития, повлиявшими на подход человека к жизни. Научная революция, осуществлявшаяся по ходу XVI столетия, привела в том числе к революционным преобразованиям в области мышления. Исследователи пришли к выводу, что теории следует проверять опытами и наблюдениями, отвергая религиозные и мифологические обоснования. Расшифровка и научное разрешение давних проблем, приписывавшихся до тех пор действию божественной силы, — вот, что стало центром научной мысли.

В 1687 году в своей книге «Математические принципы натуральной философии» Исаак Ньютон[1] (1642–1727) опубликовал механистическую теорию, позволяющую вычислять изменения в движении любого тела при воздействии на него определенной силы. Успех этой теории развернул перед последователями Ньютона новую картину мира. Свойственный ей детерминистический подход[2] утверждает, что в любом событии, каким бы оно ни было, выражается определенный закон природы. Присутствие Бога не имеет большого значения, поскольку траектории движения всех объектов определяются и без его вмешательства. Астроном Пьер Симон Лаплас[3] (1749–1827) замечательно проиллюстрировал это, объясняя Наполеону, как образовалась Солнечная система. На вопрос Наполеона о том, каково место Бога в этом процессе, Лаплас ответил: «Такой переменной в наших уравнениях нет».

---

[1] Английский физик и математик, создавший теоретические основы механики и астрономии, открывший закон всемирного тяготения, разработавший (наряду с Г. Лейбницем) дифференциальное и интегральное исчисления, изобретатель зеркального телескопа и автор важнейших экспериментальных работ по оптике (*БСЭ*).

[2] Детерминизм (от лат. determine, определяю) — философское учение об объективной закономерной взаимосвязи и взаимообусловленности явлений материального и духовного мира. Центральным ядром детерминизма служит положение о существовании причинности, т. е. такой связи явлений, в которой одно явление (причина) при вполне определенных условиях с необходимостью порождает, производит другое явление (следствие) (*БСЭ*).

[3] Французский астроном, математик и физик.

Наука не оставляла места для иных измерений, которые могли бы существовать за ее рамками, скрытые от нашего постижения. Все считали, что человеческий дух сделал должный шаг к познанию мира и его бытия. К концу XIX столетия сложилось такое впечатление, будто «классическая физика» предоставила в распоряжение исследователей полный набор законов, охватывающих все явления природы. Многие ученые полагали, что эти законы помогут им с легкостью объяснить и те немногие исключения, которые оставались пока необъясненными. Здесь нужно напомнить о том, что физика всегда считалась «матерью всех наук»: она стояла во главе технологии и эмпирики, а ее открытия составляли базу для исследований в других дисциплинах.

Эра современной физики зародилась в начале XX века вместе с научно-философской революцией Альберта Эйнштейна (1879–1955). Его теория относительности внесла фундаментальные изменения во все, что было известно тогда о свойствах времени, пространства, массы, движения и силы тяготения. Эйнштейн спаял временны́е и пространственные характеристики в единую сущность под названием «пространство-время», упразднив краеугольное в те времена положение о том, что пространство и время являются абсолютными категориями.

В тридцатых годах прошлого века были сформулированы концепции квантовой физики, которая постепенно произвела важнейшую революцию в представлениях того времени. Квантовая теория утверждает, что результаты измерений — не истина, а всего лишь вероятность, и объясняет, как рассчитываются эти вероятности. Новое направление сделало возможным количественное описание некоторых явлений, не поддававшихся объяснению на основе прошлых доктрин. В качестве одного из примеров можно привести корпускулярно-волновой дуализм, свидетельствующий о том, что при определенных условиях такие микроскопические объекты, как электроны, проявляют волновые свойства, хотя, вместе с тем, в других обстоятельствах они ведут себя как частицы[1].

Одну из основ квантовой теории составляет принцип неопределенности[2], утверждающий, что человек оказывает воздействие на то событие, за которым он наблюдает. Самое главное в исследовании — это показания измерительных приборов, и нет смысла задаваться вопросом, какое явление имеет место на самом деле. За рамками результатов измерения нет никакой объективной реальности.

Выводы, которые следуют из квантового подхода, все еще неоднозначны, и хотя вероятностная интерпретация Нильса Бора[3] (1885—1962) получила наибольшее признание и популярность, она также не лишена проблем. С течением времени физики предлагали другие трактовки, в число которых входит и теория множественности миров.

Открытия квантовой физики изменили отношение науки к миру: прежний детерминистский взгляд, согласно которому физика выявляет объективные факты природы нашего мира и описывает их абсолютным образом, уступил место пониманию того, что физика не знает истинного смысла природных явлений. Она способна лишь содействовать в построении моделей, шаблонов и формул, которые позволят — в определенных пределах вероятности — делать вычисления на основе результатов эксперимента.

Современная наука проводит различие между «истинной реальностью», которая существует сама по себе вне

---

[1] Характерной особенностью микромира является своеобразная двойственность, дуализм корпускулярных и волновых свойств, который не может быть понят в рамках классической физики. Естественное истолкование корпускулярно-волновой дуализм получил в квантовой механике (*БСЭ*).

[2] Принцип неопределенности сформулирован в 1927 году Гейзенбергом, немецким физиком-теоретиком. Это «фундаментальное положение квантовой теории, утверждающее, что любая физическая система не может находиться в состояниях, в которых координаты ее центра инерции и импульс одновременно принимают вполне определенные, точные значения» (*БСЭ*).

[3] Датский физик. Создал первую квантовую теорию атома, а затем участвовал в разработке основ квантовой механики (*БСЭ*).

зависимости от наблюдателя, и той реальностью, которая раскрывается наблюдателю и поддается его описанию. В наше время исследователи уже понимают: «факты», которые раньше считались абсолютными, уступят место новым результатам и экспериментальным данным, а те, в свою очередь, также сменятся очередными выводами из новых исследований, и так далее. Сегодня стало ясно, что наука предлагает нам не абсолютную истину, а картину мира, ограниченную рамками проведенных экспериментов и нынешних представлений. По мере накопления наших знаний о мире, неопределенность и противоречия, кроющиеся в них, не убывают, а лишь растут и усиливаются.

Это понимание существенно умалило непреходящее значение физики в частности и естественных наук в целом. Оно отвело науке роль инструмента, позволяющего раскрывать нашим взорам неполную и ограниченную часть реальности, но уж никак не абсолютную истину. А напротив этого стоит подлинная реальность, однако она скрыта от нас, и нет никакой возможности добраться до нее посредством научного исследования. Поэтому в последние годы многие ученые стали проявлять интерес к различным религиям, к теориям о «новой эре» в развитии мира и даже к мистике. Они пытаются отыскать дополнительные средства и способы для понимания элементов скрытой реальности, не поддающейся постижению при помощи обычных инструментов исследования. С начала XXI века кризис в науке набирает все бо́льшую силу, ставя под сомнение нашу способность раскрыть цельную картину мира, в котором мы живем, и понять законы, движущие природой и человечеством.

После того как человек реализовал свое желание знаний и исследовал предстающую пред ним действительность, в нем рождается следующее желание — он хочет постичь высшее знание, скрытую от него часть реальности. Данный этап развития и проходит человечество в современную эпоху.

На этом фоне нашим взорам предстает наука каббала. Она предлагает человечеству новую научную картину мира, которую уже тысячи лет назад раскрыли каббалисты в процессе исследования реальности. Пробуждающееся в наши дни желание познать целостную реальность свидетельствует о том, что человечество созрело для каббалы, — и потому каббала выходит на свет. Каббала развивает в человеке инструменты, которые откроют ему доступ к совершенной реальности и позволят исследовать ее.

В этой книге приводятся базисные принципы науки, исследующей скрытую от ученых часть реальности. Выявляя эту часть, человек восполняет свое знание о мире. Благодаря объединению двух частей реальности — скрытой и явной, — он оказывается готовым к точному научному исследованию и к раскрытию истинных формул мироздания. Его миропонимание становится цельным, он освобождается от ограничений относительного восприятия и обнаруживает подлинную форму существования всех частей реальности — вне времени, движения и пространства. Все это обеспечивает человеку методика постижения мироздания — каббала.

Эта книга основана на беседах автора и обработана преподавателями и редакторами Института исследования каббалы им. Й. Ашлага.

ЧАСТЬ I

Квантовая физика встречается с каббалой

Необычная научная конференция, состоявшаяся в Сан-Франциско в марте 2005 года, впервые свела доктора Михаэля Лайтмана с крупнейшими учеными в области квантовой механики, которые участвовали в создании фильма «What the Bleep Do We Know?» («Что мы знаем о мире?»). Фильм имел огромный успех в США, Канаде, Южной Америке, Японии, Австралии и странах Европы. Ко времени проведения конференции он собрал в прокате 10 миллионов долларов, и только в марте 2005 года было продано 420 DVD. Когда этот фильм увидели в Международной Академии Каббалы, то были очень удивлены, насколько близко современная наука подошла к тому, что описано великими каббалистами более трех тысяч лет назад. И тогда было принято решение встретиться с этими учеными. Так родилась идея провести научную конференцию под названием «Квантовая физика встречается с каббалой».

На этом захватывающем симпозиуме проводились закрытые обсуждения и публичные лекции. Но прежде всего ученым предстояло познакомиться.

Кто есть кто

Доктор Фред Алан Вольф

Живет в Калифорнии. В 1963 году получил докторскую степень по теоретической физике. Его вклад в квантовую физику широко известен во всем мире, как автор популярных книг. Д-р Вольф преподавал во многих академических заведениях, включая университет Сан-Диего, где он занимал пост профессора на протяжении двенадцати лет, Парижский университет, Еврейский университет в Иерусалиме и Лондонский университет.

Д-ру Вольфу посчастливилось поддерживать связь с известным физиком Дейвидом Бомом[1] (1917–1992) и учиться у Ричарда Фейнмана[2] (1918–1988), одного из крупнейших физиков XX столетия. Он написал 11 книг, которые переведены на многие языки.

В числе книг д-ра Вольфа: «Taking the Quantum Leap: The New Physics For NonScientists» («Квантовый скачок: новая физика для тех, кто не числится среди ученых»), «The Yoga of Time Travel: How the Mind Can Defeat Time» («Йога путешествий во времени: как разум может превозмочь время»), «Matter into Feeling: A New Alchemy Of Science and Spirit» («От материи к чувству: новая алхимия науки и духа»), «Mind into Matter» («От разума к материи»).

На вопрос о том, какую из своих книг он считает лучшей, д-р Вольф ответил:

«Я не могу выбрать какую-то одну из своих книг, но расскажу о книгах, благодаря которым прославился. Моим первым произведением стала иллюстрированная книжка о мистике и физике под названием «Space, Time and Beyond» («Пространство, время и то, что вовне»). В свое время она имела большой успех. Я был тогда молод и неопытен. Живя в Париже, мы вместе с друзьями изучали каббалу. Сфера эта поразительным образом взволновала и захватила нас. Впервые мы разглядели связь между квантовой физикой и наукой каббала, которая по-настоящему всколыхнула меня, поскольку являлась недостающей частью в моем образовании.

Я достаточно хорошо ознакомился с квантовой физикой и до сих пор люблю эту область исследований, по-преж-

---

[1] Американский физик, внесший значительный вклад в квантовую механику.
[2] Американский физик-теоретик, один из основателей квантовой электродинамики.

нему остающуюся в фокусе моего внимания. Однако каббала вселила в мое сердце «всеобщий» ракурс. Она преподнесла мне иной вид изысканий и умозаключений, даже иной путь мышления. Под влиянием всего этого я и написал свою первую книгу. Сотни тысяч проданных экземпляров сделали меня знаменитым. Однако поскольку я все еще был профессором в университете Сан-Диего, это не очень занимало меня в то время.

Позже я оставил университет и написал книгу «Taking the Quantum Leap: The New Physics For NonScientists» («Квантовый скачок: новая физика для тех, кто не числится среди ученых»). Она удостоилась престижной премии национального конкурса по литературе и науке. Для меня это было полной неожиданностью: ведь я не столь уж хороший писатель, и все-таки эта книга была признана хорошей. Она стала очень популярной и дала толчок моей карьере. С тех пор я начал писать книги, а со временем превратился в преподавателя и сегодня пользуюсь большим спросом. Я продолжаю писать, выдвигаю новые идеи, свежие мысли и по сей день верен своему пути».

Профессор Уильям Тиллер

Живет в Аризоне. Выпустил в свет более 250 научных публикаций и написал много книг, среди которых: «Some Science Adventures With Real Magic» («Несколько научных приключений с настоящей магией»), «Conscious Acts of Creation: The Emergence of A New Physics» («Сознательные акты творения: возникновение новой физики»), «Science and Human Transformation: Subtle Energies, Intentionality and Consciousness» («Наука и человеческое преобразование: тонкие энергии, намеренность и сознание»).

На вопрос о том, как из научной сферы он пришел к исследованию высшего сознания, проф. Тиллер ответил:

«Я получил первую степень по физике в университете Торонто, а затем участвовал в проведении различных экспериментов по исследованию мозга. После этого я завер-

шил обучение на степень магистра, а затем защитил и докторскую диссертацию в том же университете. Моей работой стали исследования в лаборатории компании «Вестингауз», а через девять лет меня пригласили на должность профессора в Стэндфордский университет на Факультет материаловедения и инженерии.

Все это происходило в шестидесятых годах. В тот период жена побуждала меня сосредоточиться на духовной стороне нашей жизни. Мы организовали в своем доме обсуждения различных тем, связанных с духовным поиском. На нас оказала сильное влияние написанная в тридцатые годы книга Эдгара Кейси «Поиск Бога».

Наряду с этим я занимался активной академической деятельностью, опубликовывал многочисленные статьи и был редактором нескольких академических журналов. Я разработал несколько патентов и написал много книг технической ориентации, весьма отличающихся от духовных произведений. Однако уже будучи деканом в Стэндфордском университете, я искал возможность интегрировать между собой две эти сферы.

Во время своего пребывания в Оксфорде я намеревался написать книгу об образовании кристаллов и в связи с этим начал исследовать вопрос о том, как устроена Вселенная и каким образом феномены-исключения естественно существуют параллельно с конвенциональной наукой.

Разработанная мною модель была многомерной. Мне представлялось, что в первую очередь следует упразднить наш простой взгляд на понятия времени и пространства. Я полагал, что тема эта очень важна и что «кому-то нужно заняться ею». Иначе говоря, серьезный ученый должен сесть и изучить предмет. Очень скоро мне стало ясно, что этим ученым должен быть я сам. И вот, для того чтобы высвободить время, я решил отказаться от занимаемой мною должности главы факультета, от руководства важной правительственной комиссией и от участия в других комиссиях профессионального назначения. Я посвятил свое время новым попыткам создать такие теории, которые объясняли бы устройство Вселенной. Все это происходило в 1970 году. С тех пор на протяжении последних 35 лет я веду данное исследование».

Доктор Джеффри Сатиновер

Живет в Массачусетсе. Более тридцати лет проработал психиатром. Получил степень магистра по физике и преподавал квантовую физику в Йельском университете на факультете теоретической физики и в его новом информационном центре. Кроме того, д-р Сатиновер долгое время был президентом «Фонда Юнга» в Нью-Йорке, а также преподавателем психологии и религии в Гарвардском университете.

В настоящее время д-р Сатиновер учится на докторскую степень по квантовой физике в университете Ниццы во Франции и преподает юриспруденцию в Принстонском университете. К настоящему моменту д-р Сатиновер написал пять книг, которые имеют большой успех. Они переведены на девять языков, и их продажа составила десятки тысяч экземпляров. Самая известная из них, «The Quantum Brain» («Квантовый мозг»), установила новые стандарты в области популярной науки и удостоилась многочисленных похвал. Она затрагивает несколько сфер: математику, науку в целом, компьютеризацию, квантовую физику, искусственный интеллект и т. д.

Две другие книги, написанные д-ром Сатиновером, стали бестселлерами: *Cracking the Bible Code* («Раскрытие библейского кода»), *Homosexuality and the Politics of Truth* («Гомосексуальность и политика правды»). Помимо прочего, д-р Сатиновер работал советником Конгресса и правительства, а также состоял в общественных комиссиях разного назначения.

На вопрос о том, что привело его к квантовой физике, он ответил:

«С самого детства я проявлял интерес к этой теме. Мне очень хотелось стать физиком, но в итоге я взялся за психиатрию. *Завершив обучение, я открыл психиатрическую клинику, а затем обратил свой интерес на иные сферы.*

Когда мне исполнилось пятьдесят лет, в разгар глубокого анализа прожитой жизни, я решил, что пришло время воплотить свою детскую мечту — стать физиком. Так я снова оказался на учебной скамье. К счастью, обстоятельства это позволяли. Сегодня я завершаю в университете Ниццы докторскую степень по теоретической физике и физике сложных систем».

Доктор Михаэль Лайтман

Живет в Израиле. Доктор философии PhD, также обладает степенью магистра MSc по биокибернетике. В течение двенадцати лет был учеником и личным помощником каббалиста рава[1] Баруха Ашлага (1907–1991). За это время учитель передал ему методику «Сулам» («Лестница»), разработанную отцом Баруха Ашлага равом Иегудой Ашлагом (1884–1954). К настоящему времени д-р Лайтман написал 30 книг по каббале, переведенных на различные языки. Ежедневно в прямом эфире по телевидению и через Интернет его уроки транслируются для тысяч учеников в Израиле и по всему миру. В последние годы д-р Лайтман регулярно читает лекции перед научной общественностью Европы и США. Общей тематикой этих лекций является связь между каббалой и традиционной наукой.

Вот, что д-р Лайтман рассказал о своем пути к каббале:

«После окончания средней школы в Витебске я искал такую специальность, которая позволила бы мне исследовать смысл жизни. Мой выбор пал на биокибернетику, поскольку эта отрасль знаний исследует системы жизнедеятельности и порядок, диктующий их функционирование. Я надеялся, что в процессе обучения сумею понять, как неживая материя поднимается на растительный уровень,

---

[1] «Рав» — в переводе с иврита «больший, старший».

а тот — на животную ступень. Вместе с тем больше всего меня тревожил вопрос о том, ради чего мы живем. Вопрос этот пробуждается в молодости у каждого из нас, однако пропадает в вихре повседневной жизни.

Завершив изучение кибернетики в Ленинградском политехническом институте, я прошел специализацию по биокибернетике, а затем работал в ленинградском НИИ гематологии. Еще будучи студентом, я проводил серию экспериментов, и уже тогда меня поразило чудесное устройство живой органической клетки. Я был изумлен совершенством и гармонией, с которыми клетка интегрируется в каждое тело. В науке принято исследовать строение клетки как таковой, а также выполняемые ею функции. При этом мы пытаемся понять, для чего она существует, то есть какие действия производит по отношению к телу. Однако на вопрос о том, ради чего существует само тело, я не нашел ответа.

Я полагал, что, по аналогии с составляющими его клетками, тело тоже является элементом большой системы и действует как часть целого. Однако мои попытки исследовать эту тему в рамках научных изысканий неизменно наталкивались на отказ. Мне было сказано, что наука такими вопросами не занимается. Все это происходило в семидесятые годы в СССР.

Разочарованный, я решил как можно скорее уехать из страны. Сердце мое грела надежда на то, что в Израиле я смогу продолжить это исследование, захватившее все мои помыслы. В 1974 году после четырех лет «отказа» я приехал в Израиль, однако и здесь мне было предложено вести исследования и опыты на частном ограниченном уровне отдельно взятой клетки.

Мне стало ясно, что нужно искать такое место, где я смогу изучить общую систему мироздания. Обратившись к философии, я сразу понял, что не найду там ответа. Тогда я попробовал отыскать решение в религии, но не обнаружил в ней ничего, кроме технической реализации определенных действий без всякого понимания. Наконец, после долгих лет поисков я нашел своего учителя — рава Баруха Ашлага, рядом с которым пробыл с 1979 года до дня его смерти в 1991 году. В моих глазах он был «последним из могикан», последним каббалистом в большой цепи, протянувшейся через поколения. Я был его помощником, секретарем и учеником, не отходя от него в течение всего этого периода. Поощряемый им, в 1983 году я написал и издал три свои первые книги.

После того как мой учитель ушел из жизни, я начал развивать и выпускать в свет полученные знания, видя в этом прямое продолжение его пути. В 1991 году я основал «Бней Барух» («Сыновья Баруха») — группу каббалистов, изучающих и на деле реализующих методику рава Йегуды Ашлага и его сына рава Баруха Ашлага. Со временем «Бней Барух» стал широким международным движением, насчитывающим тысячи учеников в разных частях мира. Члены движения занимаются исследованиями, учебой и распространением науки каббала.

Наши сайты на 22 языках содержат архив и обширные медиаматериалы. Это самые большие в Сети базы данных по каббалистическим трудам, книгам, статьям, учебным фильмам, урокам и лекциям. Весь имеющийся у нас материал доступен широкой публике на сайте и выложен для бесплатной загрузки. В последние годы мы создали кинокомпанию ARI Films, выпускающую документальные и образовательные фильмы, а также учебные программы, которые транслируются по телевидению в Израиле и других странах мира.

Кроме того, мы основали Исследовательский институт имени Й. Ашлага (ARI: Ashlag Research Institute), являющийся центром общественного диалога на тему каббалы. Учебные и исследовательские задачи института связаны духовным обязательством сделать учение рава Ашлага темой общественного обсуждения. Институт развивает и реализовывает целый спектр учебных программ, а также проводит конгрессы, дни открытых дверей и научные семинары. Наряду с этим, институт действует в тесном сотрудничестве с международными исследовательскими организациями и с отдельными исследователями, приглашаемыми со всех концов мира.

В целях налаживания профессиональных связей я решил расширить свое академическое образование и защитил докторскую диссертацию по философии. С тех пор я налаживаю контакты с исследователями, мыслителями и учеными в надежде на то, что через них мне удастся передать всему человечеству чистое знание, заложенное в науке каббала. Когда я увидел фильм «Что мы знаем о мире?» («What the Bleep Do We Know?»), сердце мое наполнилось радостью. Я почувствовал, что ученые, которые в нем участвуют, задаются теми же вопросами, которые тревожили и меня. Возможно, подумал я, они проявят интерес к знаниям науки каббала».

Ученые проявили интерес, причем самый живой. И вот состоялась их первая встреча.

Встреча первая: природа материи

В этот день над Сан-Франциско пронесся тайфун. Но никто из ученых, пришедших на встречу с Михаэлем Лайтманом, его не заметил — для всех это была необычная, Первая встреча традиционной науки и науки каббала.

Ученые расселись за большим столом, покрытым зеленой тканью. Перед столом — доска для чертежей. На столе — блокноты и ручки. Казалось бы, обычный набор для деловой встречи, и мы знаем, что часто листы блокнотов остаются пустыми. Но не на этот раз. За столом собрались большие ученые, люди, не привыкшие верить на слово, поэтому они записывали все, что хотели отметить для себя.

На первой встрече д-р Лайтман развернул перед собравшимися общую картину науки каббала. Он объяснил строение реальности и тот путь, которым постепенно разви-

вается материал творения — желание наслаждений. Эта встреча была посвящена выработке общего языка между участниками конференции.

Д-р Лайтман. Наука каббала развивалась тысячи лет и прошла через каббалистов всех поколений. Мы лишь кратко коснемся основных вех этого процесса:

- Первым каббалистом был Авраам, и ему приписывается «Сэфер Ецира» — «Книга Создания» (примерно 1800 год до н. э.).
- Примерно через 500 лет Моисей написал Пятикнижие: Бытие, Исход, Левит, Числа, Второзаконие (около 1350 года до н. э.).
- Во II веке н. э. рабби Шимон Бар Йохай (Рашби) написал книгу «Зоар» — Сияние.
- В XVI веке каббала расцвела в городе Цфат (север нынешнего Израиля) под руководством Ари (рав Ицхак Лурье Ашкенази, 1534–1572), методика которого описывается в его трудах. Современная каббала основана на методике Ари, рассматривающей каббалу в качестве науки. Система обучения, которую разработал Ари, не использует медитацию, амулеты, буквенные рисунки и методы, напоминающие восточные учения.
- В XX веке жил и работал рав Йегуда Ашлаг (1885–1954). Его нарекли «Бааль Сулам» («основатель лестницы») — по названию написанного им комментария «Сулам» на книгу «Зоар». Бааль Сулам проложил путь для нашего поколения, и теперь оно может приобщиться к подлинным источникам, которые оставили после себя каббалисты прежних времен.

Сегодня мы изучаем те же знания, которые от Авраама через каббалистов всех поколений дошли до наших дней. Мне посчастливилось в течение двенадцати лет сопровождать старшего сына Бааль Сулама, рава Баруха Ашлага. От него я и получил знание, прошедшее по всей этой цепочке.

Наука каббала — это методика выявления скрытой от нас реальности, того диапазона, который не улавливается пятью нашими органами чувств. Иными словами, каббала развивает в нас еще один орган чувств, воспринимающий реальность, которая пока что лежит вне пределов нашего постижения.

Наука каббала утверждает, что вся действительность состоит из материала, имя которому «желание получать» — желание наполняться блаженством и наслаждением. Обычно мы называем это желание «эгоизмом». Его действие распространяется на все уровни: неживой, растительный, животный и говорящий[1].

Д-р Лайтман и д-р Вольф обсуждают развитие материи

Обычно аудитория внимательно слушает д-ра Лайтмана, а вопросы следуют уже после лекции. Но сегодня это была встреча с учеными — людьми, которые всю свою жизнь

---
[1] Так называются в каббале уровни развития желания.

занимаются тем, что стараются дойти до сути изучаемых ими явлений и процессов. И потому эмоциональный, напористый д-р Вольф с места в карьер вступил в диалог с д-ром Лайтманом. Этот диалог быстро перерос в оживленное, иногда даже бурное общение между всеми собравшимися.

Д-р Вольф. К чему устремлено это желание? К Творцу? Где именно в нашей Вселенной оно находится? Является ли оно таким же фундаментальным, как сама материя?

Д-р Лайтман. Это желание и является материалом всей реальности.

Д-р Вольф. В таком случае материя — это желание?

Д-р Лайтман. Нет. Речь идет не об атомах. Атомы возникли позже. Все что было создано, все, что существует как основа реальности, это желание наслаждаться, желание получать удовольствие. На каждой ступени реальности это желание принимает разные формы.

Д-р Вольф. Все ли каббалисты согласны с тем, что материал творения — это желание наслаждений?

Д-р Лайтман. Все без исключения каббалисты, от Авраама и до последнего великого каббалиста рава Йегуды Ашлага, считают, что материал творения — это желание наслаждаться. Каббалистом является человек, постигающий высший мир. Он высказывается, исходя из своего постижения, а не из теоретических представлений. «Постижение» — это высший уровень понимания. Об этом говорится во всех каббалистических трудах, каббалисты единодушны в данном вопросе.

Д-р Лайтман поднялся из-за стола и подошел к доске, установленной рядом.

Я воспользуюсь чертежами, чтобы облегчить и упростить свои пояснения. Желание наслаждений является основой творения. Оно создано посредством распространения высшего света. Термином «свет» в каббале обозначается отдача, любовь. Это и есть «Творец». Так вот, свет создал желание наслаждений, которое хочет наполниться тем, что есть в этом свете. Желание наслаждений называется также «кли» — «сосуд» (см. чертеж 1).

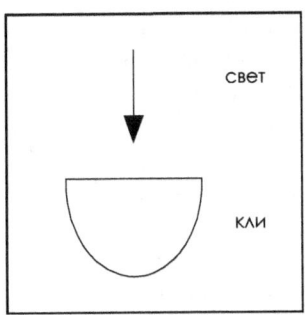

Чертеж 1

Д-р Вольф. Желание творит все?

Д-р Лайтман. Желание отдавать создает желание получать. Иначе говоря, свет хочет, чтобы кли получило от него то, что он желает ему дать.

Д-р Вольф. Кли — это уже материал?

Д-р Лайтман. Желание наслаждаться — это зачаток материала. В каббале оно называется «первозданным», т. е. изначальным материалом. Это еще не окончательный материал, потому что весь он представляет собой результат действия света.

Проф. Тиллер. Захватывает ли этот процесс квантовый уровень? Идет ли речь об этапе, предваряющем образование пространственно-временного континуума? У нас в квантовой механике все уже подчинено ограничениям пространства-времени.

Д-р Лайтман. Этот процесс предшествует возникновению того материала, который нам знаком, и намного опережает образование нашей Вселенной в ее материальном виде.

Поскольку желание наслаждений проистекает из действия света, постольку оно ощущает свет, т. е. наслаждение, лишь в самой малой степени. Самостоятельного желания, устремленного к свету, пока нет. Чтобы развить это желание наслаждений и сделать его самостоятельным, нужно добавить к нему еще один параметр. А потому Творец сообщает желанию ощущение того, что Он существует, ощущение Дающего, который наделяет желание наслаждением. Иначе говоря, получив наслаждение, внутри него желание начинает ощущать Того, Кто дает это наслаждение.

С чем это можно сравнить? Допустим, мы получаем от кого-то подарок. Тогда, помимо самого подарка, мы чувствуем отношение того, кто нам его подарил. Так вот, нужно понимать, что, оперируя понятием «Творец», мы имеем в виду «Дающего». Творение чувствует своего рода разрыв или конфликт между наслаждением и ощущением Дающего (чертеж 2). Конфликт этот порождает в творении соответствующую реакцию: теперь оно хочет быть подобным Творцу. Такая реакция возникает потому, что Творец выше самого наслаждения. В результате желание выходит на новую ступень развития.

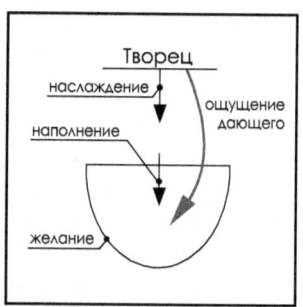

Чертеж 2

Желание наслаждений решает быть таким же, как Дающий, и совершать отдачу. Такова первая реакция творения, однако она все еще не является самостоятельной. Будучи следствием ощущения Дающего, реакция эта неизбежна. Вся она — результат проявления Творца, и выбора здесь еще нет.

Творение задумывается: «Что я могу дать Творцу?» Творец совершает отдачу, поскольку является источником наслаждений, однако когда творение тоже хочет что-то дать, выясняется, что для Творца у него ничего нет.

Из своей потребности в отдаче творение раскрывает характер Творца. Оно обнаруживает, что Творец любит его. А если Творец любит его и хочет доставить ему наслаждение, значит, у Творца есть желание, «потребность». Творение понимает, что «потребность» Творца — это желание насладить свое детище. Когда творение получает удовольствие, Творец наслаждается, а когда оно не получает удовольствия, Творец сожалеет.

В результате, желая совершать ответную отдачу Творцу, творение решает получать от Него наслаждение. В какой-то мере оно напоминает этим хорошего мальчика, который кушает, чтобы доставить удовольствие своей матери. И вот теперь-то мы можем с полным правом сказать, что творение подобно Творцу. Оно получает все, что Творец хочет ему дать, — получает лишь для того, чтобы тем самым совершать отдачу Творцу. Оно воистину доставляет наслаждение, как и сам Творец, однако процесс на этом не заканчивается.

Поступив так же, как Творец, творение обнаруживает еще одно наслаждение — оно наслаждается самим статусом дающего. Это порождает в нем дополнительное желание, сориентированное на новый вид удовольствия. Таким образом, новое наслаждение создает новое желание — добавку к изначальному желанию, которое было создано светом. Этот новый позыв не идет «свыше», а потому именно он достоин называться подлинным «творением».

В иврите корень слова «творение» указывает на выведение, извлечение чего-либо наружу, он подразумевает нечто такое, что находится вне желания Творца. Как мы видим на чертеже 3, этот процесс развития состоит из пяти этапов.

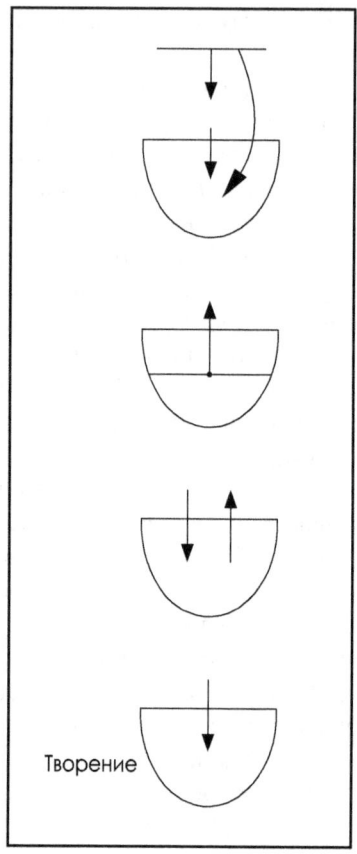

Чертеж 3

После того как творение образовалось, оно проходит цепочку состояний, каждое из которых является следствием предыдущего. Состояния эти называются «высшими мирами». Высший свет и желание наслаждений нисходят через все высшие миры до уровня «нашего мира». На этой ступени мы находимся под властью желания наслаждений и совершенно оторваны от ощущения высшего света, от Творца. Ниспустившись в наш мир, желание наслаждений становится «независимым» от власти Творца. Лишь из такого состояния отрыва может осуществиться цель творения – привести желание наслаждений к тому, чтобы оно полностью сравнялось с Творцом. Такая тождественность называется в каббале «подобием свойств» творения и Творца.

Наука каббала описывает все этапы развития желания наслаждений, начиная с первого этапа творения и до нашего мира. Благодаря этому можно понять, как образовался материальный мир со свойственными ему категориями времени, движения и пространства и по какому пути будет развиваться желание наслаждений. Вся наша история обусловлена развитием желания. Отсюда становится понятно, как развивается отдельный человек и человечество в целом. Все без исключения процессы, текущие в реальности, являются следствием развития желания наслаждений, которое растет в нас не переставая.

Духовная структура, с которой мы познакомились, «опускается» и материализуется, вследствие чего возникает материя, из которой состоит наш мир. До настоящего времени мир уже прошел несколько периодов развития, и сегодня назревает понимание того факта, что на следующем этапе нам необходим духовный подъем.

В наши дни человечество столкнулось с целой серией проблем, охвативших весь спектр его существования, включая различные социальные аспекты и сферу науки. Мы переживаем разгар всеобщего кризиса, положение дел плачевно, и об этом свидетельствуют многочисленные симптомы: наркомания все усиливается, захватывая представителей более молодых возрастных групп, депрессия распространяется подобно злокачественной опухоли, глобальный террор выходит из-под контроля и бичует нас без всякой жалости.

Такое развитие событий имеет целью привести человечество к пониманию того, что корень всех бед – это эгоистическое желание наслаждений. Оно постоянно усиливается, и нам нужно исправить его. Каббалисты писали об этом уже тысячи лет назад. Они объясняли, что когда человечество достигнет подобного состояния, наступит подходящее время для раскрытия науки каббала в качестве инструмента исправления нашего эго.

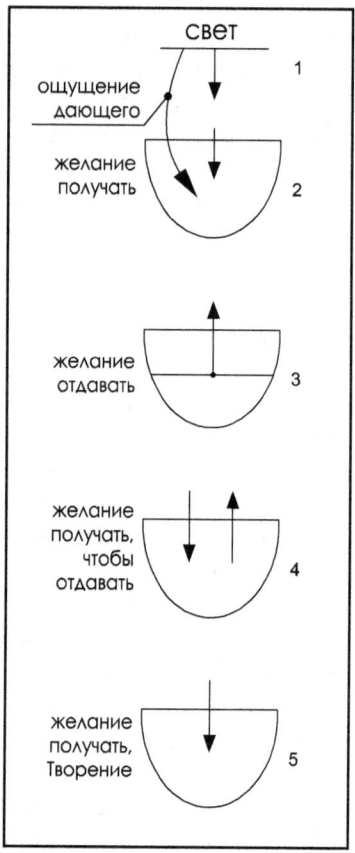

Чертеж 4

Д-р Вольф. Вы обрисовали эту тему в увлекательной и понятной форме. Теперь мне бы хотелось проверить, правильно ли я вас понял. Во-первых, существует Творец, желающий совершать отдачу. Во-вторых, для этого Ему необходим некто получающий. Как следствие, возникает кли, сосуд для получения «подарка». Таким образом, Творец совершает отдачу по отношению к этому кли.

Д-р Лайтман. Верно. Только для того чтобы это осуществилось, собственное желание получателя должно предшествовать приему наслаждения. Если я формирую в вас желание и наполняю его своей отдачей — вы не наслаждаетесь, поскольку это желание не ваше. Вы должны почувствовать, что **сами** стремитесь к наслаждению, прежде чем его можно будет назвать таковым.

Д-р Вольф. Что происходит между вторым и третьим состоянием *(см. чертеж 4)*?

Д-р Лайтман. В конце второго состояния творение начинает ощущать самого Дающего, Его естество.

Д-р Вольф. Истукан пробуждается к жизни, не так ли?

Д-р Лайтман. Еще нет. Желание наслаждений развивается благодаря тому, что ощущает Дающего и вследствие этого хочет стать таким же, как Он. Творению выгодно уподобиться Дающему — это один из этапов становления желания.

Д-р Вольф. Я не понимаю. Ведь если речь идет о «безжизненной субстанции», то она не отдает себе отчета в том, что получает какие-либо блага.

Д-р Лайтман. Так и есть. В действительности все эти детали восприятия пока что не осознаны и не познаны творением. Таковы этапы развития еще не оформившегося желания. Это первичное желание должно сформироваться, ниспустившись и отдалившись от Творца настолько, чтобы перестать чувствовать Его. Творению нужно опуститься до уровня нашего мира — лишь тогда, ощутив внутри самостоятельное желание, оно посчитает себя свободным и независимым от Творца.

Итак, когда человек в нашем мире захочет раскрыть Творца, желание его будет предшествовать наслаждению. Исходя из своего самостоятельного желания, он сможет совершать отдачу Творцу, и отдача эта будет истинной. Здесь вы можете сказать, что Творец лишь играет с творением и по-прежнему управляет им. Однако это не умаляет того факта, что скрытие Творца позволяет творению ощущать себя самостоятельным и действовать соответственно.

В конце третьего состояния творение решает, что оно будет получать наслаждение от Творца с целью уподобиться Ему. Правда, и во втором состоянии у творения есть желание, однако желание это исходит не от него, а напрямую от Дающего. С другой стороны, третий этап характеризуется самостоятельным желанием, таким же, как у Творца.

Поясню это на простом примере. Предположим, я угощаю вас куском пирога. В ответ вы уклончиво говорите, что никогда не ели такой пирог. И действительно, у вас нет заранее сформированного желания отведать его. Однако я продолжаю уговоры, объясняя, что вам все-таки стоит попробовать этот пирог, вкус которого превосходит все ожидания. Тем самым я даю вам две вещи: желание и его наполнение.

Д-р Вольф. Я хотел бы понять, как происходит переход от второго состояния к третьему? Впечатление такое, что это сопряжено с новым уровнем развития. Когда творение внезапно пробуждается и осознает себя, оно словно бы начинает диалог с Творцом.

Д-р Лайтман. Этот виток развития вызывается столкновением двух сил, встречей внутри творения двух противоположных полюсов: наслаждения и Того, Кто дает наслаждение. В реальности не существует ничего, кроме двух этих факторов. И вот на третьем этапе у творения возникает новое желание — зависть по отношению к Творцу.

Д-р Сатиновер. Действительно, слушая вас, я подумал, что «зависть» будет правильным психологическим термином для описания происходящего, как психиатр, я бы и сам так сказал. Однако зависть кажется нам чем-то отрицательным, и потому любопытно, что она возникает на данном этапе.

Д-р Лайтман. Зависть — это положительный фактор, который несет пользу, подталкивая нас к тому, чтобы продолжать развитие.

Итак, в конце четвертого состояния творение чувствует, что доставляет удовольствие Творцу. Благодаря этому, в своих ощущениях оно достигает статуса Творца и испытывает то наслаждение, которое свойственно этому статусу, — наслаждение от отдачи, наслаждение тем, что ты Творец.

У кли появляется новое желание, обращенное к новому виду наслаждения, — позыв, который не приходит напрямую от Творца, а формируется в творении как результат его собственных действий. Желание это мы относим на счет самого творения, оно-то и называется «желанием наслаждений».

В пятом состоянии два фактора доставляют удовольствие творению: наслаждение, приходящее от Творца, и пребывание в статусе Творца. Такое состояние называется «бесконечностью». Термин «бесконечность» описывает состояние, в котором желание ничем не ограничено. Имеется в виду не бесконечное расстояние, время или пространство. Критерием служит характер самого желания — именно оно становится неограниченным.

В результате творение снова обнаруживает, что существует источник наслаждений. Источником является Дающий, а творение со своей стороны чувствует себя получающим. И ощущение это истинно, потому что теперь желание наслаждаться исходит от самого творения, а не вносится в него свыше Творцом.

Вследствие этого ощущения творение хочет сбежать от своего желания, отмежевывается от него, стремится порвать с ним. Отвращение к желанию заставляет кли «сократить» его, то есть уклониться от его применения. Желание остается, однако творение перестает его использовать. А это, в свою очередь, приводит к тому, что исчезает наполнявшее его наслаждение.

Оставшись с пустым желанием, творение решает использовать свой новый позыв, чтобы достичь статуса Творца. Ведь статус Творца — это единственное состояние, на которое творение согласно. Оно чувствует, что обязано совершать безвозмездную отдачу Творцу без всякой личной выгоды. Отныне все его действия будут направлены исключительно на достижение этой цели.

Стремясь достичь желанного состояния, творение совершает множество действий. Оно выстраивает череду сокрытий высшего света, которые называются «мирами»[1]. В самом конце этой вереницы возникает наш мир. Фактически все эти действия производятся самим творением, стремящимся вернуть четвертое состояние, в котором оно было равным Творцу. В итоге этого пятиступенчатого процесса создается творение (см. чертеж 4). Ослабление высшего света также осуществляется посредством пяти этапов сокрытия, пяти миров: Адáм Кадмóн, Ацилýт, Брия́, Ецирá и Асия́.

По ходу этого процесса желание наслаждений формирует для себя «среду обитания». В мире Ацилут оно делится на две части: внутреннюю часть под названием «душа» и внешнюю часть под названием «окружение», внутри которого душа и действует. На данном этапе речь еще не идет о нашем мире. Затем душа и окружение, в котором она действует, проходят через «разбиение» и опускаются несколькими ступенями ниже на уровень этого мира. Лишь тогда начинается образование материи, из которой он сформирован.

С этого этапа и далее разбитое желание наслаждений кладет начало знакомому нам историческому развитию материального мира. Вслед за образованием Вселенной возникают неживой, растительный и животный уровни, а за ними — говорящий уровень (см. чертеж 5).

На первом этапе развития для человечества характерны насущные физические желания, обращенные на еду, секс и семью. Тело всегда нуждается в этих базовых факторах. Если бы человек жил в лесу, в полной изоляции, он и тогда испытывал бы эти потребности.

---

[1] На иврите слова «мир» (олáм — עולם) и «сокрытие» (ааламá — העלמה) являются однокоренными.

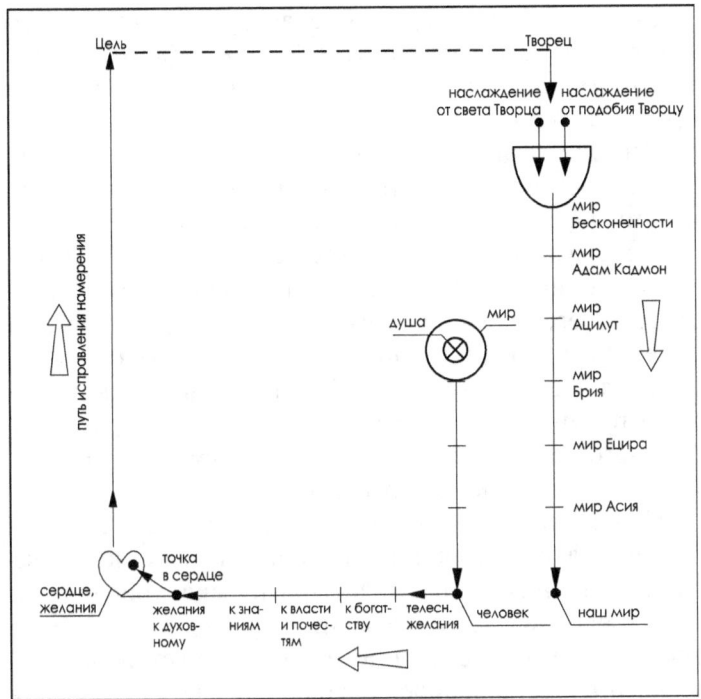

Чертеж 5

На втором этапе развития мы устремляемся за богатством. Отсюда происходит выражение «сила денег». Подтверждением тому служат различные социальные формации, пройденные человечеством на протяжении истории. Вслед за богатством мы обращаем свои взоры на власть и почести. В целом, желания богатства, власти и почестей называются «общественными». Такое название обусловлено двумя причинами:

1. Эти желания человек перенимает от окружения. Живя в одиночестве, он не стремился бы к подобным вещам.

2. Эти желания могут осуществиться только в рамках общественных отношений.

Последний этап развития характеризуется желанием знаний. Мы хотим получать все больше информации, хотим знать обо всем, изучать все, и отсюда проистекает прогресс науки.

Сегодня, на пороге завершения этого процесса, длившегося тысячи лет, мы начинаем понимать, что он ни к чему не привел. Человек обнаруживает, что попал в своеобразную ситуацию: он хочет наполнить себя, однако ни один из элементов окружающего мира не является для него источником наслаждения. А кроме того, человек неспособен точно определить, чего он хочет, и остается в смятении, подобно потерявшемуся ребенку, который стоит и плачет, не зная, к кому обратиться. Ему чего-то хочется, однако он не знает, чего именно, и не знает, кого попросить об этом.

На протяжении кругооборотов жизней (мы с вами — это те же души прошлых поколений) в человеке развивались желания разных видов: физические, общественные, и наконец, желание знаний. Всю их совокупность мы называем «сердцем» человека. С другой стороны, точка нового желания, пробуждающегося над всеми остальными позывами, называется «точкой в сердце». Фактически точка в сердце представляет собой пробуждение, побуждение к познанию высшей силы. Проявление этого желания подводит человека к средству его осуществления — к науке каббала.

Точка в сердце порождает сбивчивые, путаные ощущения, поскольку является точкой высшего мира. Законы высшего мира характеризуют реальность, в которой не существует категорий времени, движения и пространства, тогда как мы по природе своего разума всегда оперируем и мыслим этими понятиями. В итоге человек обнаруживает, что все обуславливается формой его восприятия реальности, а сама реальность остается неизменной. Все пребывает в статичном состоянии, и пространства-времени нет вовсе. Человек начинает понимать, что случившееся до сих пор происходило лишь в его ощущении, что все зависит от степени развития его инструмента ощущения.

Нам требуется время, чтобы привыкнуть к новому подходу: ничего не меняется, кроме того, насколько открыт наш инструмент ощущения. Вслед за этим этапом мы начинаем воспринимать мир, в котором живем, просто и естественно, без всяких ограничений, стереотипов и искусственных законов, без подавления, принуждения и внешнего нажима.

Точка в сердце — это зачаток желания, обращенного к духовному миру. Немногие находятся на этом уровне развития, но год от года их число растет. В итоге у всего человечества разовьется точка стремления к Творцу. Источник ее заложен в том самом чувстве зависти, о котором мы говорили, то есть в потребности творения достичь статуса Творца.

Нужно понимать следующее. Называя Творца добрым, мы имеем в виду, что Он создал творение с намерением привести его к хорошему состоянию. Состояние, в котором пребывает сам Творец, является совершенным. Именно к нему и нужно привести творение. Любое состояние ниже этого не будет считаться «хорошим». Цель творения состоит в том, чтобы позволить творению достичь состояния Творца (см. чертеж 5).

Вот тут д-р Лайтман затронул тему, которая задела за живое. Д-р Вольф вскочил со своего места и, размахивая руками, несколько повысив голос, стал буквально забрасывать ученого-каббалиста вопросами:

Д-р Вольф. Если таково положение вещей, то почему наш мир полон неисчислимых проблем? Желая уподобиться Творцу, мы убиваем друг друга. Желая «нести благо» мы породили Гитлера и ему подобных. Все идет от любви, зла нет. Гитлер не был плохим, он просто любил «своего бога», не так ли? Что же это за бог? Он начисто лишен чувств! Почему я должен любить бога столь жестокого? Почему существует ненависть, злоба и страх?

Думаю, вы понимаете, куда я клоню: возможно, Творец не так уж и добр? Наверное, он недалек, наверное, он глуп! Все, что вы описывали до сих пор, звучит гениально: создание творения, строение миров и всей системы. Однако здесь нет ответов на мои вопросы.

Д-р Лайтман улыбнулся и кивнул — очевидно, что на такие вопросы ему приходилось отвечать уже не раз.

Д-р Лайтман. Вы задаете те же самые вопросы, которые поднимает Бааль Сулам в первых параграфах своего «Предисловия к книге Зоар». Он подробно рассматривает эти вопросы и отвечает на них, однако сейчас я постараюсь сделать это кратко.

Чтобы достичь ступени Творца, творение должно ощутить, что его желание целиком и полностью противоположно воле Дающего. Желание наслаждаться противостоит желанию совершать отдачу, пустое темное кли противостоит свету. Именно осознание этой противоположности формирует творение как таковое. Чтобы познать Творца, нам нужно познать обратное Ему состояние, познать «антитворца». При этом мы испытываем тяжелые мучения и кошмарные переживания. Вопрос в том, как выдержать столь жуткие ситуации?

Можно сказать, что реально мы еще не запустили этот процесс. Чтобы полностью осознать свою противоположность Творцу, нам нужно будет «опуститься» в ощущениях намного ниже. Наука каббала раскрывается потому, что невозможно физически пережить эти ужасные состояния. Она выходит на свет, чтобы позволить нам пройти состояния противоположности Творцу путем рассудочного осознания, а не на уровне физических ощущений.

Возьмем, к примеру, человека, который страдает от боли. Он может запустить недуг, пока мучения не станут невыносимыми, и лишь тогда обратиться к врачу. Однако, с другой стороны, можно обратиться к врачу, едва почувствовав первые признаки болезни. В таком случае ее раннее обнаружение предотвратит муки, связанные с патогенезом. Разумному человеку достаточно малейших признаков недомогания, чтобы заранее пройти курс лечения и предупредить болезнь.

Заблаговременно ставя заслон на пути бедствия, человек сознательно развивается, основываясь на рассудочном понимании. Таким образом кли учится осмысленно познавать свою противоположность свету. Наука каббала — это методика развития путем познания, а не путем страданий. Она раскрывается в наши дни, чтобы позволить человечеству познать кроющееся в эгоизме зло, прежде чем это зло разразится во всю свою мощь и вызовет ужасные разрушения.

Д-р Вольф немного успокоился и сел на свое место.

Д-р Вольф. К сожалению, мир погружается в трясину. Ситуация в глобальном смысле вызывает сильнейшую тревогу, и это должно беспокоить каждого нормального человека. Я весьма озабочен тем, о чем мы сейчас говорим. Ведь нельзя же из всех людей сделать каббалистов?

Д-р Лайтман. В этом нет необходимости. Человечество выстроено в форме пирамиды. Как правило, 99% населения не ведут активной деятельности, они не занимаются ни исследованиями, ни разработками. Им достаточно пользоваться плодами науки и ее открытиями. А потому нам нужно обращаться лишь к малой горстке людей, которые озабочены судьбами мира, будущим человечества и вообще участью мироздания. Мы и не ожидаем того, что когда-нибудь каббалу будут изучать миллиарды. Однако если нам удастся при помощи науки показать человечеству истинную картину реальности, это обяжет всех к изменению, поскольку все мы — части единой структуры.

Как уже было сказано, в мире Ацилут кли, созданное Творцом, стало «душой». Эта общая душа называется «Адам Ришо́н». Сначала ее части были гармонично спаяны между собой и наполнены высшим светом. В таком состоянии сумма всех компонентов создает совершенство. Ну а затем душа прошла через разбиение и упала под махсом. Махсо́м — это тот барьер, на уровне которого заканчивается духовное ощущение. Под ним находятся те же части единой души, только чувствующие себя разрозненными и отделенными друг от друга (см. чертеж 6).

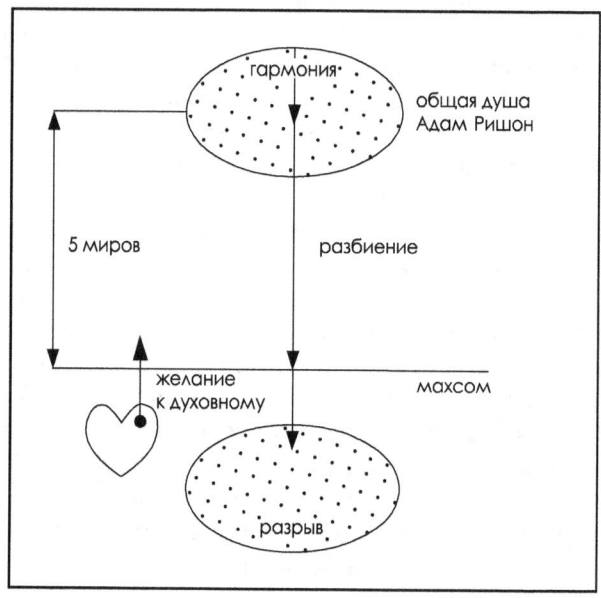

Чертеж 6

В целях лучшего понимания, можно сказать, что они находятся «там же, где и раньше», только теперь у них возникло такое ощущение, словно каждый живет внутри себя. Ведь на самом деле с духовной точки зрения не существует пространственной категории «места», и все изменения являются исключительно качественными. Так вот, каждая из обособленных частей ощущает лишь себя. Такое состояние называется «этот мир», в нем-то мы и пребываем. Высшая сила действует на наши разобщенные между собой части, чтобы возвратить всех в исправленное состояние. Тем самым будет осуществлена цель творения.

Именно высшая сила «забросила» нас в этот мир, дабы мы узнали, чем отличаемся от нее. Теперь из самой низкой точки нам нужно захотеть подняться назад к правильному существованию, к такому состоянию, в котором все мы соединены друг с другом. Различие, разрыв между человеческой природой и природой Творца проявляется через тысячи лет страданий и мук. Процесс спуска и подъема назад предназначен для того, чтобы позволить нам раскрыть всю степень нашей ненависти друг к другу. Необходимо, чтобы выявилась сила разбиения, а иными словами, эгоизм каждого из нас. Лишь после этого мы сможем понять, почему должны воссоединиться по собственному желанию.

Нам следует знать, что желание, которое хочет наполниться, сталкивается с проблемой. Проиллюстрируем это на примере голодного человека, ожидающего начала трапезы. Когда наконец он приступает к еде, его желание начинает уменьшаться, а вместе с ним угасает и наслаждение. На столе может оставаться еще множество вкусных лакомств, однако человек уже не хочет их. Иначе говоря, удовольствие, которое он испытывал, обрывается. Оно не вечно.

Подобное явление характеризует наполнение любой потребности. Схема такова: в нас пробуждается желание определенного наполнения и отправляет нас на его поиски. Мы вкладываем большие усилия в погоню за наполнением, но как только мы его достигаем, оно улетучивается. Радость может длиться несколько минут, несколько часов, несколько дней или даже недель, но в итоге наполнение исчезает. Отсюда следует, что наслаждение, наполняющее желание, аннулирует его.

Более того, наполняя какое-либо желание, наслаждение формирует в человеке новое желание удвоенной мощности. Каббалисты сказали об этом так: «У кого есть сто, тот хочет двести. У кого есть двести, тот хочет четыреста, и т. д.». В результате человек остается опустошенным вдвое больше прежнего. Но если мы сумеем отыскать способ, позволяющий непрерывно вносить в себя наслаждение за наслаждением, то обретем ощущение вечной жизни.

Путь к этому лишь один: мы должны разделить «ячейку» своего ощущения на две части. Одна часть будет принимать наслаждение, а другая — ощущать его. Иными словами, если бы наслаждение проходило через меня к кому-то другому, оно не угасало бы во мне. Когда в процессе приема наслаждения будет участвовать кто-то еще, «ячейка» моего ощущения разделится надвое. В таком случае я смогу провести различие между тем, кто получает наслаждение, и тем, кто испытывает его. Получающим будет некто другой, «ближний», а ощущающим буду я. Благодаря этому, чувство наслаждения станет вечным и обеспечит того, кто его испытывает, ощущением вечной жизни.

В пример можно привести отношение матери к своему ребенку. Она наслаждается тем, что наслаждается он, а потому способна постоянно находиться в состоянии отдачи ему и получать от этого удовольствие. Если бы я мог любить кого-то так же, как мать любит свое чадо, если бы доставление удовольствия ему ощущалось мною как собственное наслаждение, то наслаждение это стало бы неограниченным. Чтобы мы сумели уяснить данный принцип, понадобилось разбиение и спуск в этот мир.

Когда в людях пробуждается точка в сердце — подлинное желание вернуться к ощущению духовного мира, — тогда они приходят к науке каббала. Занимаясь этой наукой, мы изучаем свое истинное состояние, предшествующее разбиению. Лишь оно существует в реальности, и сейчас мы тоже пребываем в нем, только бессознательно. Если мы хотим выйти из своего замкнутого мирка, если хотим пробудиться и ощутить свое истинное состояние, то вызываем на себя воздействие кроющегося в нем света.

Наши усилия по раскрытию собственного инструмента ощущения, наряду с описанием нашего истинного состояния, распахивают в нас новые сосуды, благодаря чему мы вступаем в ощущение духовного мира. Мы начинаем чувствовать, что взаимосвязаны, подобно частям единой системы. Через каждую из них течет свет и бесконечное наполнение — непрестанно и без всяких ограничений. Цель всех бед и страданий, проявляющихся сегодня в мире, лишь одна: обязать человечество к тому, чтобы начать процесс возвращения в истинное совершенное состояние, которое называется «конечным исправлением».

Проф. Тиллер. Этот процесс кажется мне естественным. Впечатление такое, что по собственной воле мы можем лишь ускорить или замедлить развитие событий, поскольку они уже продиктованы и предопределены Творцом. Верно?

Д-р Лайтман. Весь процесс задан от начала до конца. Все его этапы — от первого до последнего — предрешены. Они уже существуют, и у каждого из нас есть духовный ген, в который заложены все будущие состояния. Душа обязана подниматься обратно точно тем же путем и по тем же ступеням, которые лежали на пути ее нисхождения сверху вниз, с высот в низину. Однако путь назад начнется тогда, когда творение осознает, что его эгоистическое состояние является дурным, и решит, что близость к Творцу предпочтительнее.

Итак, свет, то есть высшая сила развивает цепочку заранее заданных и заложенных в духовном гене состояний. В итоге, на своем пути мы переходим от одного состояния к другому.

Если мы поймем, что нам стоит совершить подъем, и вызовем на себя воздействие «окружающего света», то сократим время развития и достигнем ощущения духовного мира. «Окружающий свет» — это сила, влекущая нас к свойству отдачи. Она приближает человека к исправленному состоянию, а иначе говоря, к свойству отдачи, к свойству Творца.

В человеке уже присутствуют все его будущие состояния, однако они не проявляются в его ощущении. Излучение исправленного альтруистического состояния пробуждает в текущем эгоистическом состоянии свойство отдачи. В конце исправления душа человека наполнена светом, который сопровождается неограниченными наслаждениями и полным уподоблением Творцу по свойствам. В мере стремления человека обрести свойство отдачи, свет, наполняющий его душу в конце исправления, льется на текущее состояние в качестве «окружающего».

Свет — это сила отдачи. Если человек стремится достичь свойства отдачи, то сила отдачи, наполняющая его в исправленном состоянии, проецируется на текущее состояние. Окружающий свет «возвращает человека к источнику», то есть исправляет его и приводит к свойству отдачи. Это напоминает человека, который когда-то был хорошим, а потом развратился и теперь пробуждается, чтобы вернуться к своему прежнему состоянию.

Проф. Тиллер. Я полностью согласен с общим течением мысли. Отсюда следует, что мы недостаточно осознаем и понимаем, зачем самому Творцу нужен этот процесс. В своих объяснениях вы упомянули «желание», назвав его аспектом любви. По-видимому, любовь действительно является источником всего творения.

Д-р Лайтман. Чтобы пройти махсом, отделяющий материальный мир от мира духовного, нужно обратить намерение на противоположное, сменив ненависть к ближнему любовью к нему.

Проф. Тиллер. Я понимаю и согласен с этим. Именно любовь стимулирует осознание. Несмотря на различия в деталях, можно сказать, что модели, описывающие состояния под махсомом и над махсомом, очень похожи.

Д-р Лайтман. Правильнее будет сказать, что одни и те же законы действуют во всех частях творения, от самого низкого уровня до высочайшей ступени реальности. Все зависит от взгляда того, кто эти законы открывает.

Проф. Тиллер. Вы очень наглядно это объяснили, однако пока теория не обоснована математически, она считается неудовлетворительной. К примеру, квантовая физика разграничивает реальность на категории пространства-времени. Однако все, что вы объясняли, лежит за пределами пространства и времени. Следовательно, пока сферу квантовой физики не расширили и не распространили на новые измерения, мы не сможем сделать шаг к исследованию или к общей позиции в отношении ваших слов.

Д-р Лайтман. Верно. А потому важно обсудить возможности встречи и синтеза квантовой физики с каббалой. Каббала продолжает исследование реальности там, куда физика добраться не в состоянии.

Проф. Тиллер. Чтобы выйти на тот уровень, к которому вы стремитесь — а этого, по-видимому, хотят все присутствующие, — нам нужно расширить сегодняшнюю науку, добавив к ней область сознания. Это большой шаг.

Д-р Лайтман. Так и есть. Я вижу, что нет нужды в дополнительных пояснениях. Вы лучше меня отыскиваете точки соприкосновения между традиционной наукой и каббалой. Подчеркну только, что каббала в высшей степени эмпирична.

Проф. Тиллер. Полагаю, что каббала и физика могут шагать рука об руку. Мне бы хотелось понять, как каббала относится к восприятию реальности, учитывая тот факт, что из собрания народов мы становимся единым миром. Иначе говоря, человечество приближается к такому состоянию, когда оно сможет постичь новую реальность. Можно ли сказать, что вследствие расширенного восприятия реальности, которое становится возможным благодаря каббале, человек приходит к ощущению новой действительности, и его мироощущение меняется?

Д-р Лайтман. Мы воспринимаем реальность через пять органов чувств: зрение, слух, обоняние, вкус и осязание. Однако все, что мы ощущаем, это лишь наши внутренние реакции на то, что находится вне нас. Мы не воспринимаем истинную реальность вне себя.

К примеру, определенная волна доходит до моего уха и воспринимается мною как звук. Узнать об этой волне я могу только по поведению своей барабанной перепонки, которая реагирует на давление извне. Я измеряю исключительно свои реакции и не улавливаю волну как таковую. Воспринимая определенный звуковой диапазон в соответствии с возможностями своего слухового аппарата, я не имею ни малейшего представления о том, что происходит вне меня. Все наши органы чувств действуют подобным образом.

Можно сказать, что мы замкнуты внутри своего «ящика» без всякой возможности выйти из него. Мы измеряем лишь свои внутренние реакции, и не более того. Именно они формируют в нас ощущение изменчивой внешней реальности. Человек не может знать, меняется ли что-либо. Он не знает даже, существует ли что-то вне его. В его распоряжении нет такого органа чувств, который можно было бы вывести из себя наружу, чтобы проверить это.

Проф. Тиллер. Недавно датчанин Тор Норртрендерс (*Tor Norretranders*)[1] опубликовал интересную работу под названием «Иллюзия пользователя» («*The User Illusion*»). Он рассказывает об очень интересном моменте, касающемся работы подсознания и его производительности. Оказывается, потоки ядер информации, воспринимаемых пятью органами чувств, измеряются 50 миллионами бит в секунду. Подсознание обрабатывает поступающую информацию и редактирует ее. Однако оно успевает пропустить через себя лишь крохотную часть того, что было воспринято, — всего 50 бит в секунду.

Таким образом, существует огромный разрыв между воспринятой и обработанной информацией: 50 миллионов против 50. Важно здесь то, что подсознание посы-

---

[1] Математик и автор научно-популярных книг.

лает в мозг лишь те ядра, которые сознание заранее определило для себя как значимые. Вся остальная информация отсеивается. Видимо, эти данные подтверждают представленную вами точку зрения.

Д-р Вольф. Все присутствующие относятся к разным отраслям знаний и привыкли к разным стилям мышления. Сможем ли мы интегрировать или объединить то, что понимаем из каббалы, со своими сферами деятельности?

Д-р Лайтман. Просматривая фильм, я понял, что все вы, вне зависимости от научной специальности, взволнованы и озабочены ситуацией в мире. Я присоединяюсь к вам. Буду очень рад, если нам удастся сплотить силы и улучшить положение дел. На протяжении последних тридцати лет я посвящал этой цели всю свою жизнь и далее собираюсь действовать в том же ключе. Вместе с тем я не знаю, как это сделать. Я передаю вам свои познания в науке каббала, и теперь нам вместе нужно рассмотреть возможности дальнейшего развития.

Вопрос в следующем: действительно ли передовая наука и ведущие ученые уже пришли к пониманию того, что дальнейшие исследования зависят от внутренних перемен в человеке, то есть от изменения во внутреннем мире самого исследователя? В конечном счете человек изучает самого себя, и прогресс в исследованиях зависит от его собственных внутренних подвижек.

В вашем фильме и в других научно-популярных публикациях звучат высказывания о том, что нас окружают несчетные вероятности. Наука каббала объясняет, что мы окружены лишь высшим светом, пребывающим в абсолютном покое, а все перемены и бесчисленные возможности заключены внутри нас. Мы видим себя на фоне света, незыблемого и неизменного.

В этом я вижу следующую форму восприятия реальности, к которой движется мир. Процесс начался с Ньютона, продолжился Эйнштейном и добрался до квантовой физики. Приближается следующий этап. Современным ученым предстоит обнаружить, что ничего не меняется, кроме наших внутренних сосудов. Каббалисты уже раскрыли это тысячи лет назад. В наши дни все больше ученых и мыслителей ожидают от науки продвижения именно к такому миропониманию.

Когда закончилась эта первая встреча, все пришли к выводу, что общий язык найти можно и нужно. Но к этому выводу ученые пришли не сразу. Как позже признался д-р Лайтман, за несколько часов общения были минуты, когда казалось, что между ним и представителями традиционных наук как будто вырастала стена, ощущение полного непонимания. И все-таки чаще чувствовалось, что все сидящие за столом — единомышленники, а порой, когда говорил д-р Лайтман, в аудитории устанавливалась такая внимательная тишина, что полет мухи мог бы оглушить. И это была только первая встреча!

Встреча вторая: лекции

Вечером того же дня более тысячи преподавателей и студентов университетов Беркли, Стэнфорда и Южной Калифорнии собрались в большом зале «Канбар Холл» на Калифорния-стрит. Они пришли увидеть и послушать ученых, ставших благодаря фильму «What The Bleep Do We Know?» настоящими кинозвездами. Они пришли познакомиться с каббалой.

Лекции начались в 7 часов вечера по местному времени. Первым под аплодисменты собравшихся к микрофону вышел д-р Сатиновер.

Доктор Сатиновер

Фильм «What the Bleep Do We Know?» стал для меня интересным опытом. Я заранее знал о его далекоидущей концепции, выходящей за рамки моих представлений. Знал я и о том, что фильм будет сопровождаться «гром-

Д-р Вольф, д-р Лайтман и д-р Сатиновер

кими декларациями», главным образом, о прогрессе, который был достигнут наукой в ее способности обосновать духовную точку зрения. Я склонен считать себя человеком, ревностно ищущим смысла, и потому с радостью принял участие в фильме — ведь в нем был представлен широкий спектр любопытных точек зрения.

За свою жизнь я изменил мнение по стольким вопросам, что понял: бо́льшая часть прожитых лет ушла на пустые догадки. Само наше присутствие здесь сегодня говорит о том, что мы живем во времена сильнейшего голода по прочной и многозначной духовности, наполненной реальным содержанием. С одной стороны, люди склонны к погоне за вымыслами и иллюзиями, однако в то же время они испытывают неудовлетворенность от своего жизненного пути. Такое ощущение является следствием нашей материальной научной эпохи.

Воспользуемся этим помещением, чтобы проиллюстрировать мои слова. Бо́льшая часть его материальных элементов — наша одежда, освещение, системы кондиционирования, звукоусиления и т. п. — является следствием того допущения, что мир механичен и абсолютно предопределен, а значит, безжизнен. Почти вся современная медицина основывается на этой предпосылке. Среди присутствующих, без сомнения, есть такие, чья жизнь была спасена благодаря этой безжизненной гипотезе о том, что люди представляют собой лишь собрание молекул, реагирующих друг на друга исключительно в соответствии с предопределенными механическими законами. По сути, механистическая точка зрения обладает абсолютной властью над нашей жизнью.

Мысль о том, что в механистическом мире нет места высшей силе, смыслу, духу или свободному желанию, с одной стороны, толкает нас к сильнейшему голоду по духовности, наполненной содержанием, а с другой стороны, заставляет гоняться за пустыми химерами. Можно утверждать, что именно наука научила нас скептицизму в отношении лжи всех сортов. Надо надеяться, что та духовность, с которой мы соприкоснемся, будет подлинной.

Здесь нужно объяснить в нескольких словах суть механистической физики. Ее борьба с квантовой физикой — дело известное, однако стоит познакомиться с тем, что происходило в действительности. Отцы-основатели квантовой физики были довольно молоды, когда открыли ее в прошлом веке. Лишь немногие из них — такие, как Шредингер, Паули и другие — действительно придерживались того убеждения, что в квантовой теории заложены факторы, затрагивающие природу разума, сознание, человеческий дух и другие аспекты подобного рода. Однако говорили они об этом с большой осторожностью.

Эрвин Шредингер (1887–1961) — австрийский физик. Его главный вклад в науку — волновое уравнение, лежащее в основе квантовой теории и волновой механики. За эти и другие исследования Шредингер получил в 1933 году Нобелевскую премию по физике.

Хотя в своих научных трудах он и не упоминает об этом, однако в тридцатые годы прошлого столетия Шредингер присутствовал на серии конференций с участием Карла Юнга, где говорил о связи между различными духовными концепциями и квантовой теорией. Юнг, швейцарский психоаналитик (1875—1961), изучая свою профессиональную область, сделал вывод о том, что методика классической науки не добьется успеха в исследовании лабиринтов человеческой души.

Вольфганг Паули (1900—1958) — австрийский физик, один из крупнейших физиков XX века. В возрасте 24 лет он обнародовал свой «принцип запрета»[1]. За фундаментальный вклад в понимание квантовой механики Паули удостоился Нобелевской премии по физике в 1945 году. Он был намного осторожнее своих коллег, понимая, что любая потенциальная система взаимоотношений между различными учениями и квантовой теорией, являвшейся сферой его исследований, может иметь далекоидущие последствия.

Паули сознавал мудрость устройства Вселенной во всех ее деталях и был убежден, что это имеет важное духовное значение, однако вместе с тем знал, что концепция эта может зайти слишком далеко, если ее будут развивать люди, не имеющие физического образования. Он понимал, чем рискует: такие люди могут прийти к ошибочным представлениям в данной области, и тогда взгляды, являющиеся лишь допущениями, превратятся в конкретные физические теории. Паули было ясно, что публичные выступления на эту тему разрушат его карьеру первоворазрядного физика, а потому он мало занимался данным вопросом. К тому же, и коллеги предостерегали его от чрезмерного увлечения подобными вещами. Наряду с этим, он презирал попытки многих членов различных духовных движений исказить его идеи и придать им мягкий теологический оттенок.

Артур Эдингтон, английский ученый и философ (1882—1944), сказал как-то, что все связанное с кванто-

---

[1] «Фундаментальный закон природы, согласно которому две тождественные частицы с полуцелым спином (в единицах) не могут одновременно находиться в одном состоянии» (*БСЭ*).

вой механикой нужно снабжать вывеской: «Ведется разработка. Хищные философы, держите дистанцию!» Само собой, он опоздал со своим высказыванием, потому что сфера эта оказалась весьма захватывающей.

Так или иначе, на протяжении последних 80 лет можно проследить за научной школой, представленной разными учеными — иногда получше, иногда похуже. Они чувствовали, что нечто имеющее глубокие духовные последствия кроется в загадочной основе квантовой теории. Чувствовал это и Эйнштейн, которому не нравилось такое положение дел. Отсюда проистекает его часто цитируемое изречение: «Бог не играет со Вселенной в кости». Дело в том, что квантовая теория действительно намекает на такую возможность. По всей видимости, Эйнштейн ошибся: все не так мило и не предопределено. В какой-то мере Бог играет в кости со Вселенной. И потому, с точки зрения физика, здесь кроется зерно таинственности: безусловно, нельзя сказать, что все подлежит законам механики — дело обстоит как раз наоборот.

Различия во взглядах породили у представителей физической среды разногласия — бросающие вызов, многозначные и вместе с тем увлекательные. Однако некоторые физики не желают иметь ничего общего с подобного рода полемикой. Они поднимают вопросы, поддающиеся исследованию в рамках одного лишь физического мира, и игнорируют другие проблемы. И все же многие из перворазрядных физиков активно участвуют в обсуждении вопроса о том, «**что** все это значит?».

В принципе это захватывающее обсуждение длится вот уже 80 лет и до сих пор не привело ни к каким выводам. Даже умнейшие представители рода человеческого не имеют понятия о том, в самом ли деле все зиждется на осознании, действительно ли мы живем в мире неисчислимых возможностей, как исследователь воздействует на объект своего исследования, и так далее. На эти и другие вопросы у науки нет четкого ответа.

Из столь увлекательного аспекта квантовой теории проистекает широкий диапазон поразительных технологий. Каждого, кто заинтересован сегодня приступить к исследованиям в области современной физики и готов изучать математику должным образом, а не только ради прочих гипотез, ожидает чудесный подарок. По моему мнению, мы стоим на пороге открытия, которое позволит претворить в жизнь результаты квантовой механики, а также окажет содействие в понимании деятельности мозга и нервной системы.

Я собираюсь совершить попытку проникновения в этот поразительный мир, действуя тщательно и решительно, но не поспешно. До нынешнего времени мне не удалось продвинуться в своем исследовании далее простого созерцания. Я пытаюсь истолковать то, что вижу в деталях, которые, на первый взгляд, вкраплены в широкое полотно физической вселенной. После тридцати лет психиатрической деятельности я сменил направление и вернулся к любви своей юности, к физике — туда, где нет достаточного признания роли человека, где не в почете такие понятия, как «намерение» и «желание».

Я не готов принять распространенное мнение о том, что человек способен остановить приближающийся поезд при помощи желания или силой мысли. Однако резонно предположить, что у человека есть возможность сойти с рельсов и освободить поезду дорогу. Это я и намереваюсь сделать в качестве первого шага к допущению о том, что в моих силах остановить поезд. И все-таки понимание того, что мы не машины и что каждый человек наделен поразительной способностью к свободе, захватывает меня чрезвычайно. Когда человек понимает это, уже не важно, как он пришел к столь чудесному пониманию: посредством науки или без нее — так или иначе, ему предстоит испытать значительные и глубокие изменения в своей жизни.

За долгие годы тоски и поисков духовной жизни, глубокой и полной смысла, мне стало ясно, что важной составляющей духовного развития являются изменения, которые человеку нужно пережить. Трансформация свойств человека, смена человеческой природы — таковы подлинные основы, стимулирующие наше развитие. Без них любые мистические переживания, откровения и просветления лишены смысла.

Квантовая теория утверждает — и эти утверждения были многократно подтверждены, — что явления физического мира разворачиваются в форме упорядоченного массива. Представьте себе массив вероятностей, цельный и механически детерминированный. Однако если поделить его на дискретные моменты, вместо того чтобы рассматривать как длящийся во времени процесс, то в каждое мгновение при определенных физических условиях выбирается лишь одна возможность.

Число возможностей бывает бесконечным, а при других физических условиях оно, наоборот, сокращается. Вероятностей может быть две, или восемь, или несколько сот, но лишь одна из них «сбывается». Она-то и ложится кирпичиком в наше ощущение реальности. Вопрос: чем определяется конкретное событие, выбранное из раскрывающегося массива возможных событий? Раскрытие массива вероятностей детерминируется механически, но чем обусловлен выбор отдельной вероятности? Ответа у нас нет. Такова часть запутанной и щекотливой тайны квантовой механики.

В XVIII веке в Падуе[1] жил очень крупный и обладавший глубокой проницательностью каббалист по имени Рамхаль[2] (1707—1747). В предисловии к одной из своих книг он пишет, что физический мир состоит из частиц, изначально механически детерминированных. Говоря о понятии «механического детерминизма», он однозначно указывает на представленную воззрениями Рене Декарта[3] (1596—1650) философию просвещения, расцвет ко-

---

[1] Падуя (Padova), город в Северной Италии.
[2] Аббревиатура от «рабби Моше Хаим Луцато».
[3] Французский философ и математик.

торой начался в то время. Рамхаль отметил, что современная философия развилась вокруг предположения о том, что все происходящее в физическом мире обусловлено предыдущими событиями. Это предположение не оставляет места для свободного выбора или для сознания, обладающего весомой значимостью.

В противоположность механическому подходу, Рамхаль выделил и развил глубочайшую форму каббалистического понимания физической природы мира и ее цели. По его словам, в физическом мире есть детерминированная и недетерминированная составляющие. Можно сказать, что в какой-то степени современная квантовая теория приходит к подобным выводам сегодня, спустя 200 лет. Аналогия, конечно, заманчивая. В любом случае известно, что развитие массива вероятностей абсолютно предопределено, и известно также, что выбор не предопределен. Позвольте мне резюмировать это следующим образом: в физическом мире нет фактора, выбирающего тот результат, который осуществится в будущем. Помимо этого заявления, науке сказать нечего.

Что касается каббалы, то я отмечу еще одну ее сторону, менее известную. Уже в Средние века к ней возник большой интерес, главным образом, в Европе, где этой областью занималась большая группа христианских ученых и философов. В одной из своих книг я отметил, что наука кодирования и шифрования (криптография) получила развитие благодаря особым кодам, использовавшимся древними каббалистами. Группа, о которой я упомянул, переняла эти коды и начала применять их в качестве тайного метода шифрования и дешифрования информации, а не с духовной целью. Многие из этих исследователей стали основоположниками европейской алхимии.

Тот, кто знаком с алхимией Юнга, понимает ее центральную идею: таинственные трансформации вещества, над которым работал алхимик, представляли собой изменения его собственных свойств. В конечном счете внутренние перемены в алхимике были важнее трансформации материи. Юнг создал из этого чисто психологическую теорию.

Одна из целей настоящего обсуждения — рассмотреть возможность наличия объективного рационального подхода к вопросам о том, могут ли две разные вещи быть правильными одновременно, являются ли исследователь и объект его исследования обособленными факторами, которые действуют независимо друг от друга? Название нашей встречи «Квантовая физика встречается с каббалой», возможно, намекает на то, что квантовая физика действительно задает этот вопрос и приходит к этому заключению.

Я бы сказал, что, исходя из своего текущего понимания вещей, квантовая физика делает некий намек людям и физикам, которые открыты для подобной идеи. Однако, разумеется, важно отметить и тот факт, что квантовая физика не подтверждает такого допущения. Потребуются, возможно, сотни лет научной работы, прежде чем будет доказана эта гипотеза, если она действительно верна. Вместе с тем и в отсутствие доказательств она содержит большую долю истины.

Полагаю, что лучшие ученые умы даже вне рамок духовной теории понимают, что быть настоящим ученым — значит обладать способностью изменять собственные качества, оставаясь исследователем. Ведь по сути в поиске истины заложена частица и основа святости. Что бы человек ни делал, это всегда поиск, жажда и стремление к той самой Божественной искре с небес.

Доктор Вольф

В 1972 году мне довелось посетить Парижский университет, где на глаза мне попалась книга по каббале. Никогда раньше я не встречался с такой точкой зрения, и она пробудила во мне большой интерес. Физик средней руки, я был склонен к очень узкому взгляду на вещи и придерживался подхода, основной базой которому служил принцип: «Не мешайте мне ничем, что не относится к моему пути».

Одним из факторов, привлекших меня к каббале, был ее научный фундамент. Кроме того, меня заинтересовали каббалистическая методика и технология, о которых я не слышал до того. Я изучал физику, но никогда не думал о каббале как о науке, и вдруг она стала выглядеть логичной в моих глазах. После любопытной серии совпадений мы собрались группой в моей парижской квартире и две недели изучали каббалу.

Не могу описать вам, до чего мы загорелись этим. Каббала буквально захватывает вас. Люди, изучающие каббалу, пленяются истиной об окружающем мире, которая начинает проступать пред их взором. Неожиданно мы понимаем, что наши повседневные занятия и вещи, которые кажутся нам столь важными, — это лишь малый сегмент намного более широкой картины. Так мы формируем новое отношение к миру, новый взгляд на реальность, своего рода концепцию более обширной картины происходящего. Человек обнаруживает, что он живет внутри гигантской тайны, чудесной на удивление.

Логика этой тайны наполнила мое сердце и взволновала так, что невозможно себе и представить. Меня увлекла не только каббала, но и те открытия, которые я совершил, научившись мыслить по-иному. В сфере каббалы, в ее своеобразном образе мышления есть нечто такое, что может изменить взгляды человека и его мировосприятие. Это прослеживается во всех областях: каббала и квантовая физика, каббала и медицина, и т.п. Не важно, чем вы занимаетесь, не важно, кто вы — иудеи, мусульмане или христиане, не важно, какой вы национальности. Эта сфера пробудит в вас глубинные пласты.

Форма преподавания каббалы важна, однако не менее важна форма ее усвоения, поскольку человек является результатом того, как он воспринимает происходящее. Это стало мне ясно, когда я задумался о связи между каббалой и квантовой физикой, уже имея за спиной опыт в данной области. Я сформировал новую точку зрения на определенные вещи, и она позволила мне размышлять о человеке в новом алхимическом ключе, по-новому, исходя из иного осознания и восприятия.

Я стал смотреть на жизнь как на игру и понимать связи между различными факторами этой игры. Я понял, что сознание — это не только наше «я». Это не одно лишь самомнение нашего физического разума или нашего фрейдистского эго — речь идет о чем-то большем. Я называю это «духовным слоном, найденным в вашей комнате». Вам кажется, что увидеть его невозможно, однако он там и он больше чего бы то ни было. Так вот, каббала бросает свет на этого «слона».

Мне бы хотелось немного поделиться с вами тем, что я пережил, научившись новому образу мышления. Главным образом, я ощутил колоссальный духовный подъем и раскрепощение. Каббала сможет раскрепостить ваш разум, освободив его от «мысленных оков», которые удерживают вас в рамках непреложности или приковывают к определенной линии мышления. Речь идет о мыслях любого рода. Например: «я отец», «я мать», «я профессор физики», «я психолог», «я всего лишь простой парень», «я ничего не стою», «я непревзойден», «я ужасен» и так далее.

Все эти ограниченные формы мышления детерминируют человека. Они определяют его взаимоотношения с супругом или супругой, с начальником, с подчиненным и т. п. Каббала способна помочь в освобождении от этих пут, стреноживающих вас одной лишь точкой зрения на самих себя.

Как только вы посмотрите на себя с иного ракурса и освободитесь от этих оков, которые внушают: «Я иду лишь одним путем, не досаждай, все равно мне не измениться», вы увидите, что изменение является естественной частью вас и что оно открывает впереди чудесный путь. Это позволит вам ускорить свое духовное развитие, учитывая, что сегодня такое ускорение требуется от всех нас. Кем бы вы ни были — абсолютным атеистом или верующим человеком, в вас заложена способность форсировать свое духовное продвижение. Внутри вас все равно есть нечто такое, что может пробудиться.

Если мои слова пробуждают вас, то теперь вы это знаете. Если нет, то я советую вам поглубже заснуть.

Доктор Лайтман

Наука каббала, в соответствии со своим названием, учит нас тому, «как получать»[1]. Она объясняет, по какой схеме мы воспринимаем окружающую реальность. Чтобы понять, кто мы есть, нам нужно сначала познакомиться с действующим в нас механизмом восприятия реальности. Мы должны выяснить, как преодолевать то, что с нами происходит. Всеми этими знаниями и наделяет нас наука каббала.

Она не раскрывается человеку естественным путем, но проявляется тогда, когда он выходит на определенную ступень развития, достигая нужного уровня готовности и зрелости. Как следствие, наука эта предстает в наши дни перед широкой аудиторией, и по той же причине она была скрыта от человека на протяжении прошлых тысячелетий.

В период жизни последних поколений ширилось представление о том, что мир существует сам по себе. Не имело значения, воспринимает ли его человек, находится ли в нем, — мир казался чем-то незыблемым и объективно существующим. Однако на следующем этапе развития человечество начало понимать, что предстающая пред нами картина обусловлена тем, кто мы есть. Иначе говоря, картина мира формируется благодаря тому, что наши свойства в чем-то совпадают со свойствами вне нас. Таким образом, человек воспринимает лишь часть того, что существует снаружи.

---

[1] На иврите слово «каббала» (קבלה) буквально означает «получение».

К примеру, и сейчас нас окружают многочисленные радиоволны, но мы можем уловить лишь одну из них — ту, на которую настроен наш радиоприемник. Внешние параметры, внешние реалии человек способен улавливать, только если им соответствуют его собственные внутренние свойства. Если у него нет общих свойств с внешним объектом, объект этот остается за пределами его ощущения и восприятия.

Каббала развернуто объясняет характерные для нас механизмы восприятия категорий времени, движения и пространства. Почему нам кажется, что Вселенная расширяется? Где лежит источник неутихающего чувства движения и перемен? Является ли это чувство следствием внутренних процессов или оно существует само по себе? Продвигаясь все дальше в своем внутреннем исследовании, мы обнаруживаем, что восприятие реальности зависит от самого человека. Выйдя на уровень научного, технического и интеллектуального развития, человек созревает для понимания того, **что** предлагает ему наука каббала. Тогда-то она и выходит на свет. Я постараюсь излагать вещи как можно проще, хотя это, возможно, нанесет урон глубине и точности объяснения.

Наука каббала говорит, что вокруг нас существует высший свет — единая сила, находящаяся в константном состоянии и не претерпевающая никаких изменений. Кроме высшего света не существует больше ничего.

В таком случае термины «существует» и «не существует» оказываются адекватными, поскольку мы всегда измеряем лишь изменения. Отсутствие изменений лишает нас возможности замера.

В человека заложен определенный ген, набор информации, ежесекундно пробуждающий в нем новые свойства и ощущения. Каждый рисует для себя картину мира, исходя из этих ощущений, порождающих в нем чувство собственного существования. Все происходит внутри нас, и в результате именно там, внутри, формируется ощущение «внешнего» мира. Фактически вне человека не существует ничего, однако картина реальности предстает перед ним в таком виде, словно реальность находится снаружи.

Концепция эта была постигнута и описана великими каббалистами еще тысячи лет назад. Она захватывает и удивляет богатством впечатлений. В книге Зоар сказано, что только если человек усвоит эту идею, почувствует ее и овладеет ей, он сможет понять то, о чем пишут различные каббалистические книги, в том числе и сам Зоар.

Поскольку человек ограничен в своем внутреннем восприятии, каббала может научить его тому, как выйти из самого себя и раскрыть внешнюю реальность. Смысл этого в том, что человек поднимается над своими естественными свойствами и формирует новые органы ощущения, при помощи которых он сможет ощутить реальность вовне.

Когда человек освобождается от ограничений своего восприятия, перед ним открываются совершенно новые горизонты. Он начинает ощущать жизнь как вечное, совершенное и безбрежное течение. Силы, воздействующие на нашу реальность, он воспринимает как одну силу. События, казавшиеся случайными, непредсказуемыми и необъяснимыми, обретают ясность в его глазах.

Человек ощущает духовный мир в качестве системы сил, которая находится за картиной нашей сегодняшней реальности и приводит ее в действие. Можно сравнить это с вышивкой: спереди мы видим обычный узор, а сзади проступают составляющие его нити и узелки. Такое открытие наделяет человека знанием о себе и об окружающем мире. И потому наука эта называется «наукой каббала» — наукой получения, объясняющей, как правильно «получать», воспринимать всю совершенную реальность мироздания.

Чтобы достичь ощущения духовного мира, нам нужно развить в себе свойства, схожие с теми, которые присущи ему. Какой бы элемент реальности мы ни улавливали, восприятие это обусловлено подобием свойств. Человек видит и раскрывает в мире новые вещи согласно тем свойствам, которые имеются в нем самом. Свои отличительные черты он наследует от родителей и перенимает от окружения, взрослея в его среде. Впитав в себя эти качества, человек может использовать их для познания окружающей реальности.

Наши свойства бывают разных видов. Некоторые пробуждаются в нас естественным образом с течением времени, другие мы обретаем своим чередом вследствие влияния окружения. Вместе с тем есть и такие свойства, которые не раздобудешь как нечто само собой разумеющееся — их нужно формировать в себе при помощи особой методики.

Такие свойства формирует в нас наука каббала. Учеба по оригинальным каббалистическим текстам оказывает на человека уникальное воздействие и пробуждает в нем тонкие детали восприятия. В нашем мире нет других трудов или методик, которые способны вызывать подобный эффект. Изучение каббалы формирует у человека особое восприятие. Он начинает видеть обычную для нас сегодня реальность в совершенно ином «разрезе».

Это похоже на рассматривание стереограмм. Они кажутся набором расплывчатых штрихов, но если расфокусировать взгляд, то можно «проникнуть» вглубь и увидеть красочное трехмерное изображение. Похожим образом действует и наука каббала, помогая нам разглядеть скрытую от глаз картину реальности. Фактически каббала не добавляет ничего нового, она лишь перефокусирует взгляд человека так, чтобы он действительно начал видеть.

Наука каббала раскрывается сегодня потому, что мы живем в особую эпоху. С одной стороны, у нас есть столько возможностей для успеха, а с другой стороны, мы не в силах преуспеть. Не отрицая других наук и учений, не отметая прогресса человечества на протяжении поколений, каббала уважает то, чего достиг человек за тысячи лет своего развития. Однако именно на фоне этих наук и этих достижений человечество пришло сегодня к желанию и острой необходимости ощутить совершенную реальность, в которой оно живет. В этом кроется причина интереса к науке каббала, и потому мы являемся свидетелями ее расцвета.

Я очень надеюсь, что благодаря каббале многие отыщут путь к раскрытию истинного мира, в котором они живут. Впечатления человека, перед которым распахнулся высший мир, чувство, вытекающее из раскрытия подлинной картины, — это чудесное чувство, одаривающее нас ощущением вечной жизни. Мы вливаемся в вечный и беспредельный поток наслаждения — к этому ведет и подталкивает нас сама жизнь.

Когда лекции закончились, весь зал, все студенты и преподаватели встали и захлопали. Они хлопали до тех пор, пока ученые не покинули сцену. Значит ли это, что все они, как один, приняли каббалу, что они «пробудились», как сказал д-р Вольф, и не хотят последовать его совету поглубже заснуть? Время покажет.

А ученые договорились встретиться завтра за тем же столом, покрытым зеленой тканью, и продолжить свое общение.

Встреча третья:
сила дающая и сила получающая

Тем, кто изучает каббалу, известен такой эффект: после знакомства с ней, буквально на следующий день человек начинает задавать, казалось бы, те же самые вопросы, что и вчера, но они идут уже не от разума, а от сердца. Человек начинает искать в себе особое свойство, объединяющее его со всем окружающим миром — свойство отдачи, о котором говорил д-р Лайтман. А это очень непросто.

И эта, третья встреча стала совсем не простой.

Д-р Вольф. Люди хотят знать: «как Бог делает это». С одной стороны, они больше не заинтересованы в понятии «вседержителя», который каждую секунду может раздавить нас, как насекомых. С другой стороны, им опротивел сухой научный подход, утверждающий, что Бога не существует: «Забудьте о нем! Всемогущая наука объяснит вам всю реальность!» Людям интересно узнать, как Творец создает эту волшебную диковину под названием «жизнь», и они больше не удовлетворяются теми сведениями, которые у них имеются.

Ответы, предлагаемые традиционными религиями, недостаточны и неудовлетворительны. Конфессии годятся лишь для должностных лиц в религиозных аппаратах или для тех, кто связан с их внутренней политикой. Любые познания и сведения, которые могут дать ответы на вопросы по этой теме, крайне необходимы нам сегодня. А в западной традиции каббала до сих пор является единственным источником, из которого можно почерпнуть нужное понимание.

Д-р Лайтман. Каббалистические знания, имеющиеся в нашем распоряжении, являются результатом исследований, проведенных каббалистами. Каббалисты — это люди, у которых вспыхнул вопрос о смысле существования. Посредством особой методики они начали ощущать цельную реальность. Сам прорыв в такое ощущение мы обычно называем «прозрением». То, что раскрылось им по ходу исследований, каббалисты записали и подытожили в каббалистических трудах. Познание реальности представляет собой восхождение по тем ступеням, которые ниспустились из состояния «бесконечности», уже упомянутой нами.

Таким образом, наука каббала описывает два процесса:
- Путь «сверху вниз» — спуск желания наслаждений из бесконечности через все высшие миры в этот мир.
- Путь «снизу вверх» — подъем исследователя из этого мира через махсом к высшим мирам и возврат в бесконечность.

Предмет науки каббала — это «желание получать», то есть желание наслаждаться. Как уже было сказано, оно создается в пять этапов. Мы обозначаем эти этапы ивритскими буквами йуд-hэй-вав-hэй[1], а также названиями: кетэр, хохма, бина, зэир анпин и малхут.

Кончик буквы йуд — это точка кетэра (см. чертеж 7). Она символизирует начало образования желания из высшего света, когда желание подобно черной точке на белом фоне. Из этой точки происходит буква йуд, символизирующая изначальное первичное желание. Начертание буквы йуд (י) — кончик и выходящий из него хвостик — указывает на образование нового материала, которого раньше в реальности не было. Это и есть желание наслаждений. Данный этап называется хохма. После возникновения буквы йуд желание развивается, впитывая от Творца свойство отдачи. Сочетание свойств отдачи и получения порождает новое совместное свойство под названием бина, которая обозначается буквой hэй.

В бине находится материал, впервые пожелавший уподобиться породившему его свету. Начертание буквы hэй (ה) описывает схему взаимовключения свойств получения и отдачи, следствием которого становится форма отдачи, образованная на фоне первозданного желания. После этого желание отдавать выходит на следующий уровень: оно хочет совершать действия по отдаче, подобно Творцу, и как следствие, пытается уподобить себя букве йуд. Однако поскольку действие это совершается самим желанием, оно обозначается буквой вав.

Буква вав (ו) символизирует старания творения стать подобным Творцу, Дающему. Однако действие этой буквы не считается совершенным и законченным, потому что решение о нем было принято на предыдущем этапе. Речь идет о следствии желания буквы hэй совершать отдачу. Желание, символизируемое буквой вав, не чувствует себя цельным, совершенным, и на это намекает

---

[1] Буквы йуд-hэй-вав-hэй (י-ה-ו-ה) символизируют этапы со второго по пятый, а первый этап обозначается кончиком буквы йуд (י).

его название — зэир анпин, «маленькое лицо». Ему недостает самостоятельного решения — что называется, «головы».

По ходу действия, которое он производит, зэир анпин раскрывает смысл того, что значит быть дающим. Благодаря этому в нем проявляется желание, устремленное на статус Дающего. Такое желание называется малхут. Все оно устремлено на получение свойства отдачи, и потому, так же, как и бина, обозначается буквой hэй.

Однако существует большая разница между «первой hэй», относящейся к бине, и «последней hэй», относящейся к малхут. В бине синтез между получением и отдачей исходит от Творца, «свыше», а в малхут синтез идет «снизу», проистекая из того, что творение стремится к статусу Дающего. Стремление это становится следствием его собственного желания наслаждений.

Теперь мы сможем понять, почему буквы йуд-hэй-вав-hэй символизируют имя Творца. Они представляют собой шаблон, по которому Творец создал желание наслаждений. Внутри себя это желание ощущает Творца, как наполняющий его свет.

Д-р Вольф. Не могли бы вы объяснить различие между хохмой и малхут? Ведь в обоих состояниях свет наполняет желание.

Д-р Лайтман. На стадии хохма свет наполнил желание наслаждений и вселил в него ощущение Дающего. После этого желание почувствовало себя получающим и захотело уподобиться Дающему. На данном этапе желание может с легкостью изменить свою природу, поскольку не обладает самостоятельностью, будучи созданием Творца.

С другой стороны, на стадии малхут возникает самостоятельное желание творения. Оно хочет получить от Творца все: и идущий от Него свет, и наслаждение статусом Дающего. Желание начинает понимать, насколько его свойства противоположны свойствам света. Оно чувствует разрыв между собой и светом. Ощущение это-

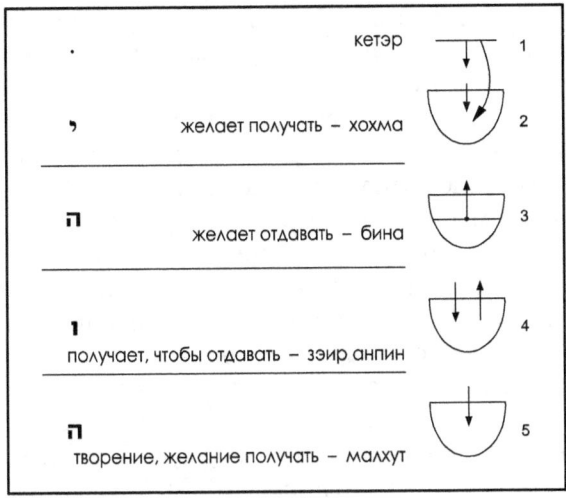

Чертеж 7

го ужасного разрыва ведет к действию по «сокращению»: желание изгоняет все наполнение, которое в нем есть. Такова реакция творения, раскрывающего, насколько его свойства противоположны свойствам Творца.

С этого времени, сокращение превращается в закон, регламентирующий все действия кли. Свет не войдет больше в эгоистическое желание, потому что так решило творение. Тем самым сокращение стало непреложным законом. Смысл его состоит в том, что пока творение эгоистично, оно не сможет ощутить Творца и идущее от Него наслаждение. Лишь в крохотной части реальности, называющейся «этот мир», можно будет получать удовольствие в эгоистическое желание, несмотря на закон сокращения. Как следствие, творения в этом мире получают возможность существовать на телесном уровне, пока они не начнут исправляться и уподобляться Творцу.

Мы должны понимать: такое эгоистическое существование, как наше, не встречается больше ни в одном из состояний реальности. Подъем из этого мира — суть восхождение человеческого желания к свойству отдачи.

В этом мире желание наслаждений действует вовнутрь, а в духовном мире оно действует наружу, пребывая в отдаче, подобно Творцу. Иными словами, в духовном мире желание соблюдает закон сокращения. Таким образом, понятие «духовный мир» означает те состояния, в которых творение подобно Творцу. Ну а в нашем нынешнем состоянии мы противоположны Творцу, мы эгоисты.

Вернемся к процессу сотворения. Термин «мир» описывает определенное состояние творения, т. е. желания наслаждаться. Вот почему состояние творения до сокращения называется «миром бесконечности», а его состояние после сокращения называется «миром сокращения».

Совершив сокращение, кли остается пустым, и ему надо решить, что теперь делать. Оно чувствует, что затяжка состояния опустошенности бесполезна и для него, и для Творца. Хотя посредством действия по сокращению оно и стало независимым от власти света, однако ничего этим не достигло.

Тогда творение понимает, что в его силах совершить действие, подобное тому, которое сопровождало переход от хохмы к бине. Только на этот раз оно сделает это, исходя из собственного самостоятельного желания. Творение осознает, что оно может вернуть Творцу наслаждение, если примет от Него свет с намерением ради отдачи Ему. Ведь в этом и заключается желание Творца — доставить творению удовольствие.

В результате, когда свет-наслаждение приходит к творению, неся с собой ощущение своего Источника, — творение вначале отталкивает его. Оно не хочет испытывать те ощущения, которые вызываются светом напрямую, так как не желает быть противоположным Творцу и стыдиться этого. Таким образом творение соблюдает закон сокращения, диктующий ничего не получать для себя.

Затем творение измеряет лежащее перед ним наслаждение, складывающееся из количества удовольствий и из осознания величия Творца в его глазах. Полученный результат кли взвешивает в своем желании наслаждаться.

Лишь тогда, уже зная точно, сколько удовольствий оно способно получить ради услаждения Творца, а не себя самого, творение впускает в себя соответствующее количество света. А оставшийся свет оно продолжает отталкивать и не пропускает его внутрь.

Каббалисты часто иллюстрируют это на примере гостя и хозяина. Хозяин накрывает стол всевозможными яствами и приглашает гостя на угощение, а гость стесняется и вежливо отказывается. Фактически, он боится почувствовать себя получающим и таким образом оберегает свое эго от возможного урона. Тогда хозяин начинает уговаривать его: «Я все приготовил для тебя. Я люблю тебя и хочу, чтобы ты отведал плодов моего труда. Пожалуйста, сделай это для меня». Этим хозяин показывает гостю, что обладает «потребностью»: ему требуется, чтобы гость получил от него наслаждение. Теперь гость чувствует, что, отведав угощение, он удовлетворит потребность хозяина и окажет ему услугу.

Так меняется «баланс сил»: если гость принимает угощение, чтобы доставить удовольствие хозяину, то из получающего становится дающим. Гость использует любовь хозяина к себе, чтобы вернуть ему наслаждение.

Еще один пример взаимоотношений типа «получающий — дающий» — отношения в семье. На самом деле главой семьи является ребенок. Он учится тому, как общаться с родителями, чтобы использовать их для своих нужд. Тем самым он тоже находит применение их любви к нему.

Разумеется, персонажи этих примеров эгоистичны. В духовном мире дела обстоят иначе, однако можно воспользоваться подобными аналогиями для понимания принципа как такового. Процесс, идущий в высших мирах, выстроен на схожей закономерности. Если человек получает наслаждение, чтобы доставить удовольствие Творцу, значит, он является не получающим, а дающим. Благодаря этому действию человек сравнивается с Творцом и обретает Его помыслы.

Д-р Вольф. Допустим, я прихожу в гости к своей матери. Она предлагает мне угощение, а я отказываюсь под предлогом того, что уже сыт.

Д-р Лайтман. Это другой случай. Свет изначально создал нас с огромным и цельным желанием, устремленным к нему. Желание это и сейчас присутствует в нас, однако оно дремлет, и потому мы не ощущаем света Творца. Нужно, чтобы оно пробудилось и развилось. Важно отдавать себе отчет в том, что мы занимаемся исследованием понятия «Творца» исключительно на научной основе. Иными словами, человек, ощущающий Творца, может измерить свое ощущение в точных инструментах восприятия. Он может дать ощущению количественную характеристику и выразить его в числах и баллах. Инструмент, при помощи которого человек измеряет ощущение Творца, называется «наукой каббала». Исследователь может точно определить, какой свет входит в каждую из частей сосуда, какова их мощность и какие условия характеризуют процесс.

Д-р Сатиновер. Я не считаю себя большим специалистом по каббале, однако за свою жизнь прочел немало каббалистических текстов. Думаю, что, с одной стороны, употребление термина «наука» в том смысле, который имеет в виду д-р Лайтман, не было бы воспринято чисто научной средой, поскольку термин этот имеет четкое и строго заданное значение. Вместе с тем, с годами я обнаружил, что каббалисты высказывают точку зрения, изумляющую своей точностью. Складывается такое впечатление, что благодаря необычайным и захватывающим исследованиям они создали своего рода карту и точную технику изменения человеческой природы. Об этом и начал рассказывать д-р Лайтман.

Трудность заключается в следующем. Чтобы понять и оценить, насколько четки и точны их слова, человеку нужно долгое время сидеть, учиться и слушать, прежде чем он сможет уловить, до чего внушительна эта мудрость. То, о чем говорил д-р Лайтман на конференции, поражает ясностью и отточенностью понятий. А потому, думаю, нам нужно сесть и обдумать это, попытавшись вникнуть в его объяснения, и лишь затем отозваться на них.

Было бы очень легко и вместе с тем бесполезно вскакивать с требованием доказательств и пояснений каждого положения. Ведь описываемая система чрезвычайно сложна, ее нужно изучать и познавать. На основе своего личного опыта могу сказать, что после многолетних попыток изучения каббалистических книг и текстов наука каббала предстала предо мной в чудесном свете. Я обнаружил, насколько она поучительна, какой громадный океан знаний и деталей восприятия в ней сокрыт.

Тот, кто станет изучать каббалу, обнаружит законченную карту человеческой души. И потому я готов пересечь весь материк только для того, чтобы сидеть и слушать. Я знаю, что этот простой чертеж и объяснения, полученные нами за последние два дня, отражают содержание многих книг, которые я в течение долгих лет пытался прочесть и понять. Я знаком с другими духовными методиками, однако в каббалистической литературе можно найти точнейшее, подробнейшее и поражающее своей красотой объяснение каждого из этапов развития человека, объяснение того, «как это на самом деле происходит».

Проф. Тиллер. У меня нет сомнения в том, что речь идет о точном и верном описании процесса, однако в древнеиндийских ведах и в азиатских культурах также подробно описываются различные процессы и пути. Мой вопрос в следующем: утверждают ли каббалисты, что истина кроется лишь в каббале и принадлежит одной ей? Или остальные учения тоже можно охарактеризовать как «каббалу», то есть получение истинного знания? Если так, то я спокоен. Но если нет, если на всех остальных путях не найти ответа, то это представляется религиозной догмой.

Вот тут наступил критический момент. Похоже, ученые приняли каббалу, как методику постижения высшего мира, как науку, с которой возможен синтез традиционных наук. Но принять ее как истину, как единственно верное восприятие реальности, они оказались пока не готовы.

Д-р Вольф откинулся на спинку стула, схватился руками за голову, а потом, отчаянно жестикулируя, почти прокричал:

Д-р Вольф. Я не подписываюсь ни под какой духовной системой, которая заявляет, что лишь только она знает истину. Никто не знает, как бог создал все! И вы не знаете, как он это сделал! Но вы говорите, что знаете! Для меня это верх эгоизма. Вы преподаете это, как будто это единственный путь, как истину, на том основании, что вы знаете Творца. Я бы сказал, что это наглость!

Но вдруг д-р Вольф успокоился и, помолчав несколько секунд, неожиданно произнес то, что поразило всех:

Д-р Вольф: Но такое ощущение, что вы знаете истину, потому что вы — каббалист, а я — нет.

Д-р Лайтман улыбнулся — для него и такие нападки были не впервой.

Д-р Лайтман. Мы говорим о желании наслаждений, созданном высшей силой. Речь идет об основах, намного более высоких и ранних, чем все, о чем повествуют любые религии и верования. Таковы две силы, действующие в сотворенной реальности: одна, дающая, называется «Творцом», а другая, получающая, называется «творением». Это не имеет ни малейшего отношения к какой-либо религии или вере. Я не заинтересован в том, чтобы сравнивать каббалу с другими учениями, и тем более не заинтересован в дискуссиях о различных религиях, будь то индуизм, иудаизм, христианство или ислам. Зачем нам заниматься религиями в то время, как мы обсуждаем физику высшего мира?

Главная трудность при объяснении этого материала состоит в том, что мы неспособны сравнить свои ощущения. Нельзя сказать, что понятие «высшей силы» воспринимается и понимается всеми одинаково. А потому будет излишним пытаться сравнить то или иное учение с каббалой. Каббала — это техника, снабжающая нас точными математическими инструментами, сосудами, поддающимися измерению. Если я описываю параметры определенного состояния, другой каббалист может произвести в своих сосудах такое же действие и испытывать то ощущение, которое я имел в виду. Наука каббала точно измеряет чувства человека.

Каббалистические книги описывают впечатления каббалистов от ощущения высшей силы. Они рассказывают нам о своих чувствах и оставляют для нас формулы. Формулы эти объясняют нам, какие внутренние действия нужно совершать над своим желанием наслаждений. Человек учится тому, как производить действия по получению и отдаче света, которым Творец хочет его наделить. Кли делает точный расчет той меры наслаждения, которую оно может принять или отвергнуть. Человек получает четкие инструкции о том, какую внутреннюю работу он должен проделать — иными словами, как ему работать со своим желанием напротив света.

Эта встреча была нелегкой. Ученые не все смогли воспринять сразу. И это понятно: люди по 40 лет занимались своей наукой, достигли определенных высот, и вдруг приходит каббала и говорит, что надо приобрести дополнительный орган ощущений. Любой человек может воскликнуть: «Не могу! Не хочу!» Но здесь были большие ученые — не сразу, не просто, но они смогли это принять. Они не бросили на полпути: «Ерунда!», не встали и не ушли, а продолжали все записывать именно потому, что они — ученые и знают, что только так можно пробиться к истине.

А впереди была последняя встреча. Решающая.

Влияние каббалы на науку

Встреча четвертая: подведение итогов конференции

На этот раз ученые не собирались вместе за общим столом. У них было время подумать обо всем услышанном и сделать свои выводы. Этими выводами каждый из них поделился с д-ром Лайтманом при личной встрече.

Доктор Сатиновер

В каббале нет ничего такого, что звучало бы неясно, мистически или неестественно. Проведенные дискуссии развеяли всякие сомнения на этот счет. Поскольку каббала изначально предназначена для любого, кто ею интересуется, постольку объяснения, которые она дает, не кажутся религиозными или сугубо «еврейскими». Неудивительно, что философам-неоплатоникам[1] в эпоху Ренессанса нетрудно было основать каббалистическую школу. Процесс обретения каббалистического понимания совершенно не ограничен предрассудками, хотя методика эта рождена и взращена в еврейской среде, вследствие чего она выражалась при помощи ивритских и арамейских[2] терминов.

«Каббала» — слово, которое люди воспринимают по-разному, в зависимости от того, что они могли слышать об этом, и таким оно было в течение тысячелетий.

---

[1] Неоплатонизм — «направление античной философии, сыгравшее роль связующего звена между древней и средневековой философией» (*энциклопедия Кольера*).

[2] Арамеи, арамейцы — кочевые семитские племена, родиной которых являлся Аравийский полуостров. Арамейский язык к началу н. э. стал основным разговорным языком Передней Азии (*БСЭ*).

Но вдруг довольно странным образом оно обрело большую популярность. Для интеллигентных людей, не лишенных скептицизма и рационального подхода, каббала ассоциируется с таинственными изысками, с глупой и невнятной ворожбой в личных интересах, с извращенной формой иудаизма. Многие относятся к каббале как к одному из проявлений духовности или культуры «новой эры», учитывая популярность «центров каббалы», возникших в последнее время.

Однако есть люди, понимающие и интересующиеся, в том числе верующие и неверующие. Люди эти относятся к каббале вполне серьезно, и в их глазах она является важным, убедительным и прочным лейтмотивом, незаметно влиявшим на западную культуру и философию в течение двух последних тысячелетий.

Так или иначе, на протяжении всей истории аутентичная каббала играла исключительную роль в формировании исторического процесса. Резонно предположить, что она сделает это снова. Несколько крупнейших философов эпохи Ренессанса подвергли каббалу скрупулезному изучению. Часть их изучала ее тайно, а часть — открыто. Некоторые даже заплатили жизнью за эти усилия. Многие вносили изменения — большие или малые — в форму ее преподавания, однако каббала оставляла свою печать главным образом, на науке. Она продвигала человеческую мысль все дальше от предрассудков в сторону рационализма — довольно неожиданный факт в свете тенденции связывать каббалу с колдовством или, по крайней мере, с мистикой и религией. Все эти аналогии ошибочны в своей основе.

Кое-кто пытался примирить каббалу с господствующим в его эпоху мировоззрением. В их числе Джованни Пико делла Мирандола[1] (1463–1494). Его оригинальная и блистательная статья «Речь о достоинстве человека» («*Oration on the Dignity of Man*»), считающаяся декларацией Ренес-

---

[1] Итальянский мыслитель эпохи Возрождения. Изучил древнееврейский и арабский языки, штудировал в оригинале Пятикнижие Моисеево и Коран, увлекался каббалой и «натуральной магией» (БСЭ).

санса, использует сведения, почерпнутые из каббалы. Пико делла Мирандола долгие годы изучал известную каббалистическую книгу «Сефер ха-бахир». Лишь недавно обнаружилось, что он владел одной из самых больших в Европе библиотек с иврискими каббалистическими текстами, насчитывающими примерно 3600 страниц. Позже он продолжил исследование каббалы в сотрудничестве с каббалистом Йохананом Алеманно (1435—1504) и обосновал свое мнение о сроке наступления конца света исключительно на каббалистических источниках.

Коллега Пико делла Мирандолы, Леон Баттиста Альберти[1] (1404—1472), считается прототипом «человека Ренессанса» благодаря широчайшему диапазону своих достижений. Вместе с Мирандолой, Марсилио Фичино[2] (1433—1499) и Леонардо да Винчи[3] (1452—1519) он основал Академию Платоновскую во Флоренции[4]. В научной сфере Альберти наиболее известен как основоположник криптографии. Рассказывают, что однажды в порыве вдохновения он в один миг изобрел шифровальные диски, ставшие с тех пор основой работы всех шифровальных аппаратов. В том числе они использовались в работе «Энигмы», знаменитой шифровальной машины времен Второй мировой войны[5].

Шифровальные диски Альберти содержат алфавит, высеченный по кромке плоского диска, вложенного в другой, на котором высечен тот же алфавит, но в обратном порядке. Криптолог Иоганн Тритемий (1462—1516) принял на вооружение эту систему. Базой для обоих исследователей послужила каббалистическая точка зрения на пророчество.

---

[1] Итальянский гуманист, философ, архитектор, художник, теоретик искусства. Человек разносторонних дарований и широкой культуры (*БСЭ*).
[2] Итальянский гуманист и философ-неоплатоник.
[3] Великий итальянский живописец, скульптор, архитектор, ученый и инженер.
[4] Возрожденная древнегреческая философская школа (1459—1521).
[5] Эни́гма — немецкая шифровальная машина времен Второй мировой войны. Некоторые сообщения, зашифрованные этой машиной и перехваченные в 1942 г., удалось расшифровать только в начале 2006 г. (*Wikipedia*).

Позже выдающийся философ-гуманист Джордано Бруно[1] (1548–1600) написал под влиянием каббалы целое сочинение, основанное на известной истории о Валааме и его ослице[2]. В итоге Бруно был отлучен от Церкви как еретик и сожжен на костре. Сегодня многие считают его одним из главных предвестников современной рациональной философии — главным образом представленной в лице Баруха Спинозы[3] (1632–1677) — а также научного духа исследования.

Каббала повлияла не только на ведущих мыслителей эпохи Ренессанса, но и на мыслителей последующих эпох. Некоторые относились к ней как к математической системе, составляющей основу энциклопедической теории знания и памяти. Такой взгляд на каббалу выразился в философском определении знания, а также в энциклопедической организации системы знаний и наук, что способствовало запоминанию.

Термин «каббала», употребляемый в этом смысле, распространился в энциклопедической литературе начиная с Джордано Бруно и до Готфрида Вильгельма Лейбница[4] (1646–1716). Лейбниц проводил различие между «грубой каббалой масс» и «каббалой истинной». Он утверждал, что нет ничего кроме каббалы. Полагая, что она может послужить базой для его математической модели языка, Лейбниц требовал искоренить из каббалы теологию. Позже он представил свою концепцию каббалы Атанасиусу Кирхеру[5] (1602–1680), а также другим исследователям.

Нет никаких сомнений в том, что каббала стоит за кулисами и таится в основе всякой науки, всякой культу-

---

[1] Итальянский философ и поэт, представитель пантеизма. Был обвинен в ереси и свободомыслии (*БСЭ*).
[2] См. Пятикнижие Моисеево, Числа, 22:28.
[3] Великий голландский философ, один из крупнейших рационалистов XVII века (*энциклопедия Кольера*).
[4] Выдающийся немецкий философ и математик.
[5] Немецкий ученый, иезуит, занимавшийся физикой, естественными науками, лингвистикой, древностями, теологией, математикой (*Wikipedia*).

ры и всякого вида человеческой деятельности на земле. В культурах, далеких от западной, каббала также повлияла на форму развития и на сам подход к нему. Человечеству еще предстоит выявить, каким образом каббала оставила свой отпечаток на зарождении и эволюции различных культур. Следует полагать, что раскрытие науки каббала всему человечеству в современную эпоху, на пороге которой мы стоим, докажет это.

Профессор Тиллер

В начале своей научной деятельности я фокусировался на том, что лежало в границах конвенциональной науки — ведомственной, предсказуемой, хорошо субсидируемой и уважаемой во всем мире. Однако уже тогда, будучи ведущим исследователем Стэнфордского университета, я пытался совместить внутреннее исследование со своими научными изысканиями. Я делал это неофициально, так как подобные вещи были запрещены в рамках повседневной научной работы.

Мой переход к новой сфере исследований, к области психоэнергетики, вызвал «землетрясение» в ученом сообществе Стэнфорда и в американских научных кругах. Многим казалось, что, занявшись этой темой, я предал науку, и что именно общепринятая научная мысль представляет истинную ценность. Однако я считал, что мысль эта является лишь переходом к новой науке — науке будущего.

Раньше я вел внутренние исследования в качестве побочного направления, поскольку мне не позволяли заниматься ими в Стэнфорде. В этом я видел реализацию возложенной на меня работы. Все предыдущие изыскания представлялись мне тренировкой и подготовкой к науке более высокой. Люди и человеческое сознание включены в ее экспериментальную базу и принимаются в расчет как одна из качественных переменных.

Вначале я полагал, что мои успехи в обычной науке удовлетворят начальство и позволят мне заняться исследованиями, представляющими для меня подлинный интерес. Верить в это было довольно наивно с моей стороны. Начальство предпочло «замести сор под ковер». Сегодня в созданной мною маленькой лаборатории я пытаюсь достойным путем расшифровать результаты исследований и расширить свое понимание психоэнергетики. Область эта требует от нас рассматривать общие аспекты природы в рамках намного более просторных, чем узкие представления о пространстве-времени. По моему мнению, здесь лежит одна из тех областей, где мы встречаемся с каббалой.

Полагаю, что новая наука способна помочь каббале в описании альтернативной картины. У нас почти нет информации об эмоциональной сфере и ее структурном аспекте. Ваши книги, д-р Лайтман, конечно же, помогут мне расширить познания, необходимые для обозрения новой перспективы, поскольку на данный момент эта область исследований закрыта для меня.

Я готов на любое сотрудничество с вами, дабы подтолкнуть людей к тому, чтобы они начали работать над собой. Я считаю, за этим — будущее.

Доктор Вольф

Все вышесказанное приводит меня к заключению о наличии сильнейшей необходимости в том, чтобы «духовный зонтик» этой великой науки охватил весь мир. Наука каббала должна изучаться на всех существующих языках. В любой точке мира из нее можно извлекать пользу. Человечеству необходимо новое пробуждение кроющейся в нем духовности. При этом не требуя, чтобы мы помещали в центр своего мировоззрения высшую силу в ее религиозном понимании, наука каббала подходит равно для атеистов и для представителей всех религий и народов. Каббала предстает пред нами непредвзятой и представляется тем, что она есть — духовной наукой.

Одним из успешных последствий изучения каббалы стала для меня возможность в ином свете взглянуть на квантовую физику. Я изучал творение и волновался, потому что чувствовал его как нечто осязаемое. Мой учитель по каббале совершенно не был знаком с квантовой физикой, но параллели между двумя науками приводили меня в изумление. Квантовая физика — наука материальная. Не подумайте, что я считаю ее духовной методикой, и все же она наиболее близка к духовности, поскольку пытается затронуть темы, которым обучает нас наука каббала.

Я пытаюсь рассказывать об этом в своих книгах, хотя и не упоминаю самого слова «каббала». В двух книгах я ясно сказал, что занимаюсь духовной вселенной, моделью души и своего «я», а также связью между ними. Для меня это вопрос понимания, и, возможно, речь идет о научном понимании. По-видимому, чтобы лучше понять предмет, мне еще больше нужно раскрыть свое сердце.

Д-р Лайтман и д-р Вольф — последние минуты конференции

На проведенных обсуждениях вы, д-р Лайтман, преподал нам чудесный материал. По мере того как мы приобщаемся к вашей точке зрения и понимаем, кто вы такой, — ваше послание набирает силу. Слушая вас, мы солидаризируемся с вами, потому что все человечество испытывает страдания. Когда вы делитесь с нами тем горем, которое вызывает в вас состояние человечества, эти чувства передаются нам, и мы становимся вашими собратьями по несчастью. Объяснения были поданы блистательным и наглядным образом.

Я хотел бы сидеть у ваших ног и учиться у вас все время. Для меня честь учиться у вас. И я готов к любому сотрудничеству.

Между каббалой и наукой

Несколько недель спустя после этой встречи, в апреле 2005 года, успешное начало синтеза традиционной науки и науки каббала было продолжено д-ром Джеффри Сатиновером. Он приехал в Израиль, чтобы принять участие в международном научном конгрессе, темой которого стала каббала. Конгресс дублировался на 25 языках для более чем тысячи представителей 32 стран мира.

Во время этого конгресса д-р Лайтман и д-р Сатиновер провели ряд бесед, обсуждая самые разные темы: свобода выбора, мировой кризис, семейная ячейка в XXI веке, усиление духовного поиска, будущее человечества. Ученые встречались несколько раз в разные дни конгресса, но мы решили объединить эти беседы.

Беседа первая.
Модель свободы в мире квантовой физики

Д-р Лайтман. Д-р Сатиновер, скажите, какова точка зрения современной науки на тему свободы выбора?

Д-р Сатиновер. Современная наука в целом (я намеренно говорю «в целом», чтобы внести важную поправку в это определение) рассматривает совокупную реальность как реальность исключительно материальную. Материальная реальность представляется науке цельной, подобно сложной машине. Проиллюстрируем это на примере игрушечной железной дороги. Если мы повернем выключатель, миниатюрный поезд начнет кружить по рельсам, из трубы паровозика повалит белый дым и маленькие человечки заснуют по платформе. Так вот, вся эта модель — лишь машина.

Вы, конечно же, скажете, что ни у одного из элементов игрушечной железной дороги нет свободы выбора. Точно так же бо́льшая часть представителей современной науки скажет, что вся физическая вселенная абсолютно идентична детской модели и что каждое действие каждого элемента вселенной полностью обуславливается предыдущими событиями в этой вселенной. Ученые даже будут настаивать на том, что никаких других механизмов не существует. Реальность целиком состоит из «вселенной игрушечного поезда», и не существует инженера или изобретателя, который построил эту модель железной дороги.

Однако наряду с подобным воззрением существует такая отрасль современной науки, как квантовая механика. Эта дисциплина пришла к осознанию того, что вышеописанная теория неверна и что на самом деле в физической вселенной присутствует элемент абсолютной свободы, когда частицы отдельных атомов не ведут себя механически, а «выбирают» образ поведения. Я ставлю слово «выбор» в кавычки, так как наш язык ограничен и объясняет это не наилучшим образом. Настоящая проблема состоит в том, что наука ничего не может сказать о природе «того, кто совершает эти акты свободного выбора», а потому они предстают пред нами в таком виде, словно являются совершенно случайными.

Если человек должным образом понимает квантовую теорию, то передовые рубежи современной науки помогают ему осознать тот факт, что у людей есть возможность для подлинно свободного желания. Однако современная наука не может четко объяснить, где и как реализуется это свободное желание.

Д-р Лайтман. По вашим словам, помимо рамок привычной и доступной нам природы, у частиц имеется возможность для некоей «свободы выбора». Но к человеку это не относится, не так ли? Речь не идет о том, что обычный человек в своей повседневной жизни способен выбирать. Возможно, где-то там, в глубинах материи существуют дополнительные силы или вероятности, которыми управляет иная закономерность, не различаемая в рамках общепринятого детерминизма.

Д-р Сатиновер. Верно. Дифференциации эти очень тонки и запутаны. Лучшие научные умы дебатировали на их счет в течение последних восьмидесяти лет. По всей видимости, отдельные электроны, несмотря на свои ограничения, способны «делать свободный выбор» между несколькими траекториями. Электроны неспособны на многое, они не в силах писать замечательные книги, вступать в брак или выходить на войну, однако в рамках своих возможностей они, по-видимому, в определенной мере свободны.

Говоря «электрон делает выбор», я выражаюсь литературно. В действительности мы не знаем, кто или что делает выбор. Однако мы знаем, что поведение любой частицы материи во Вселенной делится на две составляющие: отчасти она ведет себя согласно постоянному закону, а отчасти ее поведение непостоянно и подвержено влиянию некоего фактора, не являющегося компонентом знакомой нам Вселенной.

Исходя из этого, можно было бы сказать, например, что образование нашей Вселенной тоже делится надвое: отчасти она является следствием предыдущих физических процессов, а отчасти была создана высшей силой. Наука не в силах это доказать. Она может утверждать лишь следующее: сегодня мы понимаем, что конкретные физические реакции материи не полностью обусловлены предшествовавшими им физическими реакциями.

«Нечто иное» оказывает влияние на материю, однако наука не знает, что представляет собой это «нечто», она не может исследовать данный фактор или хотя бы подтвердить его. Кто-нибудь мог бы сказать, что у электронов есть своего рода собственные «маленькие мозги», принимающие решения, однако я лично так не думаю. В этой точке познания человек волен верить в то, чего пожелает.

Когда квантовый объект вступает в связь с другим квантовым объектом — он запускает процесс. Именно их контакт вызывает начало процесса. Возможно, связь устанавливается с наблюдателем, в поле зрения которого попала данная частица, однако он не обязан быть наблюдателем. Он может являться другим анонимным объектом, выполняющим ту же функцию не хуже других. Настоящая тайна заключена не в вопросе о внешнем наблюдателе, а в том, что существует определенная свобода действий, завуалированная в материи. Свобода эта указывает на «нечто», лежащее вне материальной вселенной, и ни слова не говорит нам о сути этого «нечто».

Д-р Лайтман. Я не понимаю, почему мы не столкнулись с этой тайной раньше. Исследуя самого человека, его физиологию и психологию, мы не обнаруживали присутствия скрытой силы, составляющей часть картины и не позволяющей в точности понять, какие механизмы обуславливают и инициируют человеческое поведение. Странно, что нам пришлось дойти до этих сухих частиц, не содержащих ничего за исключением крупинки энергии. Наблюдая их, мы внезапно обнаруживаем, что не знаем, как они поведут себя через мгновение, не знаем, частица перед нами или волна, и так далее. Было бы логичнее, если бы мы открыли эти потаенные силы на уровне намного более высоком, относящемся к человеческому сознанию. Однако именно те физики, которые изучают безжизненные атомы, неожиданно выявляют наличие «скрытой жизни» внутри них.

Д-р Сатиновер. Думаю, это одна из самых больших шуток XX столетия. Ньютоновская физика открыла безжизненную Вселенную. Концепция мертвой материи, представляющей собой лишь машину, развилась вследствие физических, химических и биологических исследований, которые привели в итоге к взгляду на человека как на простой механизм. Вы совершенно правы:

на повседневном уровне мы интуитивно чувствуем себя свободными существами, обладающими возможностью выбирать. Психологи основываются на том допущении, что их пациенты могут осуществлять свободный выбор. Если бы я видел в своих пациентах лишь машины, то отказался бы от работы психолога.

Вместе с тем краеугольный, логический и неумолимый постулат, действующий с 1600 года по XX столетие и лежащий в основе всех наук, состоит в том, что весь мир — машина. И все-таки жизнь людей не омрачена таким ощущением, а потому существует разрыв между научным мировоззрением и типичными жизненными представлениями. Современная медицина, современная психиатрия, а также все теории, описывающие работу мозга и разума, не оставляют места для допущения о том, что люди обладают свободным желанием.

Д-р Лайтман. Из ваших слов следует, что в физике мы тоже не хотели сталкиваться с немеханическими системами, однако открытия, последовавшие в результате экспериментов, заставили нас признать факт существования еще одной силы, нарушающей наши детерминистические ожидания. Верно?

Д-р Сатиновер. Именно так и случилось. Распознать это стало возможным лишь тогда, когда в области квантовой механики были проведены тщательные эксперименты на уровне малейших частиц. Первые результаты опытов потрясли ученых. К примеру, Эйнштейн, придерживавшийся того взгляда, что мир — это холодная машина, посчитал такое открытие невозможным и даже назвал его сумасшедшим. Возможность того, что внутри материи заложена некая свобода, заставила его выступить с известным заявлением: «Бог не играет со вселенной в кости». Причем Эйнштейн не имел в виду настоящего «Бога» и использовал это слово с полнейшей иронией. Смысл его слов заключался в том, что в материи невозможна свобода такого уровня, какой был показан экспериментами. Эйнштейн осознавал, что если свобода подобного уровня действительно кроется в материи, это означает конец науки. А потому он сказал, что нет науки, которая могла бы строиться на подобных предпосылках.

Д-р Лайтман. Но почему это должно стать концом науки? Ведь путь научного исследования всегда обязывал нас двигаться вперед, сменяя подходы. Отчего сегодня слышны многочисленные голоса ученых, утверждающих, что наука подошла к своему концу?

Д-р Сатиновер. Во-первых, Эйнштейн ошибался, полагая, что это станет «концом науки». Ошибался он и в том, что квантовая механика неверна. Своими исследованиями квантовая механика подчеркнула тот факт, что существует предел научного познания. Ученые, специализировавшиеся в области квантовой теории, достигли границы исследований и забросили ее, а некоторые использовали полученные знания в целях создания технологий баснословной для материального мира мощности. Однако это уже тема отдельной беседы.

Думаю, что для вашей профессиональной области более важен именно тот факт, что квантовая теория выявляет границу научного познания и одновременно указывает на существование «чего-то иного» по ту сторону этой границы. Как я заметил, многие упускают данный момент, пытаясь совместить квантовую теорию с каббалой. Квантовая механика однозначно разъясняет, что наука способна дойти до этого рубежа и доказать его существование, однако ничего не может сказать о том, что находится с другой стороны. Туда власть науки не распространяется, в этой точке она признает свою ограниченность и расписывается в собственном бессилии.

Д-р Лайтман. Восприятие реальности вытекает из ее изучения. В наших органах чувств ее ви́дение соответствует тому, как мы сейчас устроены. Будучи устроены по иной технологии разума и души, приводящей к иному анализу того, что нам раскрывается, — мы, возможно, сумели бы проникнуть внутрь. Иными словами, для наших текущих свойств, это, может быть, и в самом деле предел, за которым лежит непознанное. Но вместе с тем такая ограниченность характерна лишь для нас самих. Есть ли шанс каким-то образом изменить наши свойства и «проскользнуть внутрь»?

Задам тот же вопрос с другого ракурса. Возможно, все непознанные характеристики движения квантовых частиц проистекают из того факта, что мы заперты в рамках категорий времени, движения и пространства? Смогли бы мы по-иному увидеть весь процесс, если бы каким-то образом освободились от этой ограниченности? Открылось бы нам неизведанное, если бы мы усовершенствовали собственные свойства?

Д-р Сатиновер. В начале беседы я намеренно отставил в сторону свои личные суждения и мысли о мире, о духовности и о каббале. Во всем этом я не специалист. Я стараюсь высказываться как посланник научного мира и скромно воздерживаюсь от утверждений о том, «на что способна или неспособна наука». Возможно, люди наделены духовным потенциалом, позволяющим им пересечь эту границу. Как простой человек, я стремлюсь сделать это вследствие сильного эмоционального влечения и думаю, что все люди будут стремиться к тому же. Может быть, каббала — и есть та научная методика, которая позволит претворить в жизнь наши устремления.

Вместе с тем необходимо, чтобы знакомые нам естественные науки придерживались скромности и осознавали свои ограничения. Наука может подвести человека к пограничной черте, но не в силах перевести через нее. Иначе говоря, ученый, изучающий квантовую теорию не может использовать ее в качестве методики перехода того рубежа, который благодаря ей открывается.

Д-р Лайтман. Что касается утверждения о том, что перед нами лежат неисчислимые возможности, — разве ученый-наблюдатель не является тем, кто делает между ними выбор?

Д-р Сатиновер. Мы не знаем. Когда квантовая теория обнаруживает, что частицы избирают определенную траекторию, мы не знаем, чем обусловлен этот выбор. Согласно научной точке зрения, об этом ничего нельзя утверждать. Тут царит полная тайна, и мудрость состоит в том, чтобы признать эту загадочность, не делая вид, будто у нас есть на нее ответ. Осознание истинного положения дел способно подтолкнуть мыслящего человека к пониманию того, что существует «нечто вовне». Такое понимание не объясняет, о чем идет речь, но благодаря ему человек может задуматься на эту тему.

Беседа вторая.
Семейная ячейка

Д-р Сатиновер. Как каббала подходит к взаимоотношениям между мужчинами и женщинами на рубеже XX и XXI столетий? Что, по ее мнению, ожидает нас в этой области?

Д-р Лайтман. С точки зрения каббалы, именно в XXI веке мужчине с женщиной нужно быть вместе. Они должны рука об руку шагать по пути самоисправления, чтобы достичь соответствия высшей силе. Поступая таким образом, они восполнят друг друга как на материальном, так и на духовном уровне. Каждый из них нуждается в определенном исправлении. Личное исправление каждого и обоюдное исправление обоих вместе приведут их к правильному соединению, и тогда их взаимоотношения уподобятся свойствам высшей силы.

XXI век отличается от прошлых тысячелетий тем, что сегодня мы оказались в разгаре всеобщего кризиса. Кризис этот заметен во всех сферах человеческой деятельности, включая и семейные отношения. Причина кризиса кроется в росте эгоизма — желания наслаждений. Человеческое эго достигает в наши дни своей полной мощи, и мы не в силах совладать с ним. Как следствие, человек теряет свойственную ему прежде способность справляться с самим собой и с окружающим миром.

Мы не хотим принадлежать друг другу или семье. Эго буйно разрослось, и никто уже не в силах терпеть другого человека подле себя. Семейные отношения вообще и отношения между мужчинами и женщинами в частности первыми страдают от роста эго, поскольку такой вид взаимоотношений наиболее близок человеку. В прошлом семейная модель была защищена от потрясений и представляла собой нечто вроде островка стабильности. Если в мире возникали проблемы, мы выходили на войну; если возникали неурядицы с соседями, мы могли переехать на другое место; но семейная ячейка всегда служила «надежным прибежищем». Даже когда человеку не очень нужна была семья, он продолжал поддерживать ее из-за детей или из-за престарелых родителей, нуждавшихся в уходе.

Однако сегодня эго достигло таких колоссальных размеров, что человек не считается ни с чем. Пытаясь превозмочь свое эго, он снова и снова терпит неудачу. Пускай в некоторых частях мира дело до такого еще не дошло — в ближайшем будущем положение изменится. Даже в Китае уже заметны признаки пробуждающегося эго.

Решение этой проблемы в том, чтобы приступить к исправлению своей природы — то есть к исправлению эго. Мы обязаны сделать это. Если мы не будем действовать в целях исправления эго, то все скатимся в наркоманию и суицид или уничтожим себя глобальным террором. Разумеется, люди не захотят иметь детей, семью, и свидетелями тому мы становимся уже сегодня. Даже без экологических катастроф мы докатимся до хаоса и самоистребления. Нынешнее положение дел обязывает человека задаться вопросом: ради чего он живет, и есть ли выход из этих дебрей? Отсюда он и приходит к науке каббала.

Каббалисты писали, что в такую эпоху каббала раскроется как средство исправления человеческой природы. С ее помощью нам удастся подняться в новое измерение, к вечному и совершенному существованию.

Беседа третья.
Личная судьба на фоне общей судьбы

Д-р Сатиновер. Как каббала объясняет личную судьбу на фоне общей судьбы? Я понимаю важность объединения между людьми, но относится ли каббала к каждому человеку как к уникальной индивидуальности с отличной от других судьбой?

Д-р Лайтман. Именно наука каббала делает для человека возможным личное развитие. Можно проследить это на ее отношении к воспитанию. Каббала считает, что правильное воспитание достигается исключительно посредством примера. Нет смысла диктовать человеку что-то или обязывать его к чему-то. Правильное воспитание зиждется на формировании правильного эффективного окружения и на личном примере. Человек будет использовать полученный пример и следовать ему в соответствии со своим уровнем развития. Мы обязаны относиться к каждому сообразно с заложенными в него силами. Любой человек своеобразен и отличен от других.

Люди — это элементы одной общей души, и в каждом из них находится ее неповторимая часть. Если в общей душе недостанет даже одного элемента, структура ее останется неполной, и мы не сможем достичь цели творения. А потому нам нужно оберегать личную часть каждого человека, а не разрушать ее. Мы должны позволить каждому развиваться подходящим для него образом, чтобы человек расцвел во всем своем великолепии.

Каббала проводит различие между исправной жизнью общества и личным внутренним развитием. Во всем, что касается существования социума, личность, разумеется, обязана подчиняться установленным в обществе законам. Однако в плане личного развития, следует сохранять уникальность человека. Каббала детально разъясняет, как нужно сочетать два этих подхода, и подробно описывает путь к построению правильного общества, благодаря чему станет возможным самобытное развитие личности в нем.

Каббала категорически отвергает культурное и образовательное засилье западных стран в отношении третьего мира. Такое засилье наносит вред обеим сторонам, разрушая самобытность народов и не позволяя им развиваться в подходящем темпе, сообразно со своими законами и со своей культурой. Это вызывает перекос в развитии всего человечества и приводит к самым скверным результатам.

Беседа четвертая. Праведник

Д-р Сатиновер. А как насчет «праведника»? Кем он является и какова его роль в своем поколении?

Д-р Лайтман. Термин «праведник» означает человека, вышедшего на такой уровень, который позволяет ему оправдывать действия высшей силы. Он оправдывает все происходящее в творении, потому что объемлет ощущением все творение, а не только его малую часть, различаемую в пяти наших органах чувств. Праведник видит закономерность, действующую во внешней сфере, за пределами диапазона пяти ощущений. Он понимает законы, оказывающие влияние на наш мир, инспирирующие все, что в нем происходит, и ведущие его к цели, к желанному результату.

Как следствие, человек оправдывает то, что совершается в творении, и потому называется «праведником». Отсюда понятно, что «праведник» — это каббалист. Праведником является тот, кто раскрывает высший мир, мир сил — тот уровень, на котором зарождаются планы в отношении нашего мира и с которого они ниспускаются, чтобы приводить его в действие.

Характерные черты праведника соответствуют достигнутому им уровню. Каббала объясняет, что все наше восприятие реальности основано на принципе «подобия свойств», на принципе соответствия. У нас есть пять органов чувств, и в каждом из них мы улавливаем определенный диапазон реальности. К примеру, слух позволяет нам настраиваться на определенную частоту звуковых волн, а зрение позволяет видеть определенный спектр цветов.

Если бы диапазон восприятия наших органов чувств был шире, мы улавливали бы в них более широкую реальность. Если бы мы обладали дополнительными органами чувств, то воспринимали бы реальность иначе — возможно, в иных измерениях. По правде говоря, сегодня мы не в силах даже представить себе, какой представлялась бы нам действительность, если бы у нас были другие органы чувств. Таким образом, пять наших ощущений и диапазон восприятия каждого из них создают определенные границы, в которых пред нами очерчивается картина реальности. Выйти за рамки этих ограничений мы не можем.

Однако существует методика, позволяющая бросить взгляд за пределы этой картины реальности и увидеть внешнюю действительность — иными словами, картину сил, воздействующих на наш мир. Силы эти и называются «высшим миром». Чтобы ощутить их, нужно пройти путь, основанный на том самом принципе восприятия реальности — на подобии свойств. Иначе говоря, нам нужно создать соответствие между собою и этими силами.

Человек должен развивать в себе те свойства, которые присутствуют в высшей сфере, управляющей нашим миром. Однако сам человек не может заранее знать, что это за свойства. И тогда к нему на помощь приходят люди, уже находящиеся там, — каббалисты, дающие советы, как достичь желаемого. Они объясняют, каким образом при помощи особых действий человек может постепенно развить в себе новый орган чувств — «душу». В этом органе чувств он ощутит еще одну реальность, доселе скрытую от него. И потому наука каббала называется «тайной наукой».

Ощутив скрытую реальность, человек понимает формулы, по которым она побуждает нас к действию, цель, к которой она хочет нас привести, и способ, которым она это делает. Человек обнаруживает закономерность, действующую в творении. Он находится внутри этой реальности, приобщается к ней и оправдывает ее. Тогда-то он и называется «праведником».

Процесс оправдания действий Творца подразделяется на 125 ступеней, в финале которых человек приходит к абсолютной степени оправдания. Каждый обязан достичь высшей ступени. На протяжении многочисленных кругооборотов мы снова и снова приходим в этот мир, и весь процесс предназначен лишь для того, чтобы позволить нам взойти на ступень «законченного праведника» — праведника высшего уровня.

Беседа пятая.
Людские страдания

Д-р Сатиновер. Я думаю, что тема, доставляющая нам наибольшие затруднения, — это людские страдания. С одной стороны, страдания подвигают многих на поиск духовности, но с другой стороны, с ними очень трудно смириться. Как каббала относится к теме страданий?

Д-р Лайтман. Вопрос этот действительно очень досаждает всем. С одной стороны, мы говорим о высшей силе, «доброй и творящей добро». Раз уж она высшая, значит, добрее нас. А с другой стороны, наш мир полон бед и страданий. Исходят ли эти напасти от нее? А если не от нее, то от кого? Неужели существует несколько сил? В таком случае враждуют ли они друг с другом? Отсюда проистекает множество вопросов.

Д-р Сатиновер. Я имею в виду не только философский вопрос о природе страданий, но и практическую сторону предмета.

Д-р Лайтман. Реальность включает в себя наше желание наслаждаться и активизирующее его наслаждение. На всех уровнях реальности присутствуют лишь два этих компонента: наслаждение и желание, свет и сосуд. Отсутствие наслаждения вызывает в нас желание, однако иногда недостаток в наслаждении столь велик и нестерпим, что пробуждает ощущение страдания. Разумеется, все эти состояния генерирует высшая сила. Страдают все уровни — неживой, растительный, животный и говорящий.

Фактически страдания представляют собой чувство, которое обязано присутствовать в творении, чтобы оно оставило свое текущее состояние и перешло к следующему. Без страданий нет движения. Смысл движения в следующем: мне плохо в текущем состоянии, и другое состояние представляется предпочтительным. Оно кажется мне более прогрессивным, а потому я хочу его и двигаюсь в его сторону. Страдания позволяют человеку вкладывать усилия, требующиеся для движения к тому состоянию, которое видится в лучшем свете. Таким образом, не испытывая страданий невозможно продвигаться.

У высшей силы есть лишь одна возможность продвигать нас вперед — при помощи страданий. Если она создала нас эгоистичными и желающими наслаждаться, то единственный способ перемещать нас из одного состояния в другое — это страдания. Возникает вопрос: почему сегодня наши страдания столь велики?

Цель творения состоит в том, чтобы человек достиг наивысшей ступени реальности. Единственный путь к ней обуславливается неимоверным натиском творения, а иными словами, наибольшими страданиями. Причем речь не идет именно о материальных страданиях. Ведь на первый взгляд, у нас есть все — и тем не менее чего-то недостает. Такова самая болезненная ступень страданий.

Чтобы двинуться вперед, чтобы выйти из рамок этого мира и приступить к поискам чего-то, лежащего над ним, мы обязаны страдать. Нам нужно прочувствовать страдание на всю его глубину, чтобы оттуда, изнутри, мы сумели потребовать противостоящее ему хорошее состояние. Хорошее состояние, противостоящее нашему миру, — это духовный мир. Соответственно, и страдания должны быть «духовными», а не материальными. В таких обстоятельствах человек страдает не от недостатка материального наполнения — оно как раз наличествует, ему недостает ощущения жизни, ему не хватает жизненных сил. Если человек будет сокрушаться именно об этом, у него появятся силы для того, чтобы потребовать нечто, лежащее за пределами этой жизни.

А потому в ближайшее время нам не придется наблюдать радость человечества. Наоборот, страдания усилятся и примут особую, более духовную форму. Чувства душевного спокойствия будет недоставать на фоне всего мирового изобилия. Ничто не сможет наполнить человека и ничто не сможет доставить ему радость. Человек лишится возможности хороших ощущений. Депрессия распространится по миру и горестное чувство не оставит нас в покое. Как следствие, мир погрузится в противоборства, в террор, во вспышки насилия, а также в разного рода психологические и психиатрические проблемы. Причем все это будет происходить на фоне материального изобилия — дабы мы смогли раскрыть тот факт, что в нашем мире недостает именно ощущения жизненной силы. Так наука каббала объясняет процесс, который нам предстоит.

Если мы двинемся навстречу этому процессу и с помощью каббалы поможем миру понять, в чем кроется источник страданий, — это подсластит их. Поняв, что у страдания есть цель, человек сможет приступить к самоисправлению, прежде чем он погрязнет в глубинах мучений. А потому мы всеми силами стараемся применить метод превентивной терапии: раскрыть человечеству науку каббала, прежде чем оно окунется в глубокую депрессию.

Беседа шестая.
Смерть тела

Д-р Сатиновер. Что происходит с душой после смерти тела?

Д-р Лайтман. Фактически все мы являемся частями одного духовного кли под названием «Адам Ришон». От него берет начало разделение на миллиарды душ, спускающихся в этот мир. Здесь находится множество тел, и в каждом — своя душа. Цель же состоит в том, чтобы каждый человек вернулся точно к тому корню в общем кли Адам Ришон, из которого он спустился.

В начале своего существования в этом мире наша душа представляет собой лишь точку. Если на протяжении своего пребывания здесь мы не сформировали из нее духовное кли, душа возвращается к своему корню в Адам Ришон, подобно неразвившейся капле семени, подобно точке, бессознательной и безжизненной. Иными словами, мы не ощущаем своего существования, пока душа наша вновь не облачится в тело этого мира.

И напротив, если посредством альтруистического намерения мы вырастили свою точку, сделав из нее духовное кли, оно останется и после смерти нашего тела. Ведь уже при жизни в этом мире мы начали ощущать высшую силу и налаживать с ней связь. Такое не исчезает, поскольку не относится к нашему биологическому телу.

Речь идет о развитии нового кли, воспринимающего то, что находится вне нас. Оно не связано с механизмами нашего обычного восприятия, осуществляющегося через пять органов чувств. После того как мы вышли из самих себя, жизнь и смерть биологического тела уже не сказываются на восприятии души. Мы не очень-то чувствуем прежние аспекты жизни и смерти, так как духовное ощущение остается в силе. В действительности нам нужно подняться над этим биологическим чередованием — так, чтобы оно не оказывало на нас ни малейшего влияния.

Квантовая теория

Тогда же, в апреле 2005 года, д-р Джеффри Сатиновер прочитал лекцию о квантовой механике и о ее далеко идущих выводах.

Я поведу речь, что называется, о «передовой науке», хотя по сравнению с наукой каббала она довольно примитивна. В пример можно привести человека, не имеющего представления об орехе и нашедшего ореховую скорлупу. Потратив массу времени на исследования, с годами он склоняется к тому, что речь идет о совершенно мертвом и безжизненном объекте. Однако в конце концов, после многолетних и изнурительных изысканий, после тщательной проверки путаных данных о внутренней части скорлупы, он делает вывод о том, что в его руках оболочка живого объекта, которая, по всей видимости, содержала в себе нечто живое и развивающееся, а значит, отличное от нее.

Аналогия эта говорит о том, что современная наука на протяжении столетий с большим успехом изучала один лишь физический мир, полагая, что он и представляет собой всю реальность. Базовое допущение гласило: физический мир является мертвой и безжизненной реалией, и кроме нее ничего не существует.

С другой стороны, в последнее время наука пришла к заключению о том, что если подвергнуть чисто физический мир скрупулезному анализу, мы сумеем отыскать в нем тонкие намеки и доказательства того, что это лишь скорлупа и что существует живая непреложная реалия, которую эта скорлупа покрывает.

Я попытаюсь объяснить вам, почему именно современная квантовая теория стала чем-то вроде пограничной науки. Вокруг нее ведется широкая полемика, а потому я представлю на ваше рассмотрение лишь то, что является правильным на мой взгляд. В любом случае рекомендую вам изучить предмет, чтобы иметь возможность ознакомиться с мнениями других исследователей и прийти к самостоятельным выводам. Хотел бы подчеркнуть, что квантовая механика и современная наука ни слова не говорят о каббале и о духовности, однако утверждают, что физический мир это не «предел». Они доказывают, что существует «нечто иное», однако не в их силах хоть как-то охарактеризовать это «нечто». Для меня очень важно четко выделить данный момент.

Все, что нам известно, вся титаническая сила квантовой теории и ее выводов о физическом мире приводят нас к двум заключениям:

- Обязательно должно существовать нечто за пределами физического мира.
- Нам ничего не известно об этом факторе, и мы не в силах исследовать его при помощи науки.

Часто нам хочется, чтобы наука послужила инструментом для изучения духовности, однако ученые, и среди них лучшие физики, поняли, что это невозможно. Наука может служить интеллектуальным проводником, подводящим нас к пониманию того факта, что существует нечто иное. Выражаясь каббалистически, она может стать тем средством, которое приведет нас к осознанию «точки в сердце». Туманнейшая математика квантовой механики способна быть инструментом, позволяющим человеку осознать существование «точки в сердце». Однако шагнуть еще дальше наука не в состоянии.

*

Попробую дать краткое и легкое введение в квантовую теорию. Опасения излишни: не прибегая к заумной математике, я воспользуюсь тем языком, который вам наверняка знаком. Если раньше вы не находили в нем логики — поздравляю, потому что так и должно было быть.

Древние каббалисты сказали, что невозможно представить себе истинную природу реальности. К аналогичному пониманию пришла и современная квантовая механика. Невозможно использовать язык или мысленные образы, чтобы должным образом понять природу физической реальности. К примеру, многие из вас слышали известное утверждение о том, что, поняв материю как должно, мы видим, что она одновременно является волной и частицей. Высказывание это довольно модно и легко сходит с уст. Возможно, вы представляете себе что-то такое в своем мозгу и рисуете перед мысленным взором маленькое уравнение, однако это не более чем ряд символов, лишенный всякого смысла. Нет никакого способа сделать так, чтобы он показался логичным с первого же взгляда.

Осознав истинный смысл вещей, можно понять и то, что уже было мной сказано: квантовая теория позволяет нам выявить рубежи современной науки и констатирует, что существует «нечто» вне физического мира как такового. Чтобы объяснить это, я упомяну в продолжение лекции поразительный феномен, развивающийся в исследовательской сфере — квантовые вычисления[1].

Кроме того, я представлю на ваше рассмотрение наглядный эксперимент, теоретически описанный еще в 60-е годы Ричардом Фейнманом (1918–1988), одним из величайших физиков XX столетия, лауреатом Нобелевской премии. Пример этот по сей день остается самым сжатым описанием тайны, окутывающей квантовую механику. В последующие годы этот эксперимент был проведен на частицах разных видов. Я попытаюсь объяснить,

---

[1] Квантовые вычисления — новая, быстро развивающаяся область на пересечении квантовой физики, теории информации, вычислительной техники и математики. Она возникла в 80-е годы как альтернатива традиционным компьютерам, которые подходят к своему физическому пределу. Основная цель нового направления — расширение возможностей традиционных компьютерных вычислений и протоколов обмена информацией за счет применения новой вычислительной парадигмы, использующей характерные черты квантовой механики (*В. Иванов, Лаборатория информационных технологий Объединенного института ядерных исследований*).

почему он демонстрирует нам границы науки и прямо указывает на существование «чего-то» вне пределов простого материального мира.

На протяжении поколений основополагающая точка зрения науки не отличалась от воззрений Эйнштейна. Она и сегодня распространена среди многих ученых мира. Эта концепция утверждает, что не существует ничего за пределами физического мира. Поскольку наш мозг состоит из одних лишь физических частиц, постольку любое отдельное событие, то есть любое взаимодействие одной частицы с другой полностью определяется положениями частиц и их движениями в предыдущий момент времени. Это относится ко всем событиям физического мира, включая то, что происходит в нашем теле, в нашем мозгу, в наших мыслях и в наших взаимоотношениях.

Иными словами, вся физическая вселенная, включая всех нас, представляет собой безжизненный механический аппарат, неизбежно и неотвратимо развертывающий свою деятельность. Любое кажущееся восприятие, ощущение того, что мы человеческие существа и что у нас есть сознание, чувства и намерения — все, что мы делаем здесь сейчас, и все остальные аспекты нашего человеческого бытия — это просто иллюзия. Нет любви, нет ненависти, нет страсти и нет даже удовлетворения. Мы мертвые частицы в сложных соединениях, образовывающихся с течением времени.

Весь прогресс современной медицины базировался на этой точке зрения и достиг успеха исключительно благодаря ей. В результате многие из нас обязаны этому жизнью. Такой взгляд обладает большой силой, и отмахнуться от него невозможно. Хотя принцип этот безжалостен не только к нашему восприятию себя, но и к нашей потребности придать жизни значение и смысл, однако огромная часть мира функционирует согласно данной модели, какой бы отталкивающей она ни была.

Многие современные философы признали, что наряду с большой пользой, которую принесло такое воззрение, оно нанесло и ужасную рану проистекающим из него выводом о том, что жизнь в конечном итоге бессмысленна. К примеру, нацисты с легким сердцем перенесли эту точку зрения на многие сферы своей деятельности и достигли большого эффекта не только в качестве убийц, но и в качестве ученых. Часто подход современной медицины к людям оказывается хладнокровным и жестоким — главным образом, вследствие эффективности подобного взгляда на вещи.

Вычислительная техника[1] является как бы предельной очисткой и доводкой механистической точки зрения до математики и логики механических взаимодействий. Базой для современной вычислительной техники стала идея о том, что физическая реалия может находиться в нескольких возможных состояниях. Компьютер состоит из элементов, основанных на «битах»[2], и содержит их в огромном количестве. Бит — это физическая реалия, способная находиться в одном из двух состояний.

Современная квантовая механика открыла феномен с далекоидущими последствиями. Она утверждает, что возможны физические реалии, находящиеся в двух состояниях одновременно. Поверьте мне на секунду, что такое действительно бывает.

Смысл этого в следующем. У стандартного компьютера есть определенное количество состояний (N). В отличие от него количество состояний квантового компьютера определяется как 2^n.

В лаборатории Йельского университета мы создали элемент с четырьмястами ячейками такого типа. В обычном компьютере количество битов огромно, и 400 яче-

---

[1] Совокупность технических и математических средств, методов и приемов, используемых для облегчения и ускорения решения трудоемких задач, связанных с обработкой информации, в частности числовой, путем частичной или полной автоматизации вычислительного процесса (*БСЭ*).

[2] Бит — двоичный разряд, минимальная единица измерения количества информации, ячейка компьютерной памяти.

ек по сравнению с ними представляются чем-то мизерным, однако такое устройство обеспечит для нас 2^{400} битов памяти — число столь колоссальное, что свыкнуться с ним просто немыслимо. Таким образом, речь идет о создании компьютеров с гигантскими возможностями, которые будут «творить чудеса». Трудно даже вообразить себе подобную мощь.

Как же возникло предположение о том, что два состояния могут существовать одновременно? Здесь самое время напомнить об эксперименте Фейнмана пятидесятилетней давности. Если в бак с водой помещено устройство, движущееся вверх-вниз и создающее волны, исходящие из двух разных источников, то волны эти будут пересекаться. В конечном итоге вследствие их пересечений мы получим модель, которая называется «интерференцией волн» (см. чертеж 8) и представляет собой множество точек их сложения. Явление это хорошо известно, и можно с легкостью вычислить положение таких точек.

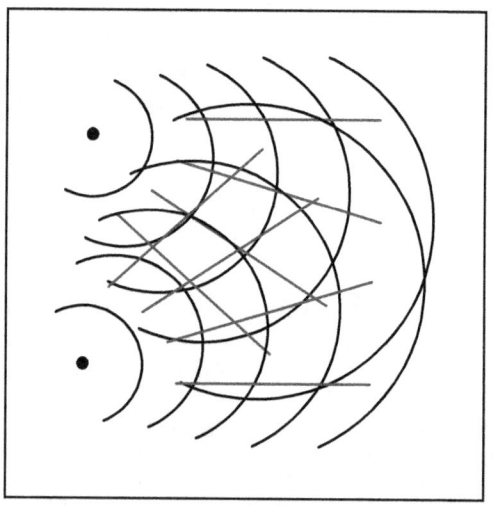

Чертеж 8

Теперь опишем аналогичный эксперимент, поменяв волны на частицы. Представьте себе «пулемет», стреляющий по экрану отдельными частицами, словно пулями. Поставим между «пулеметом» и экраном перегородку с одним маленьким отверстием. Через это отверстие при стрельбе будет проходить лишь тонкий пучок частиц, а потому они всегда будут попадать в определенную заранее известную нам точку экрана (чертеж 9).

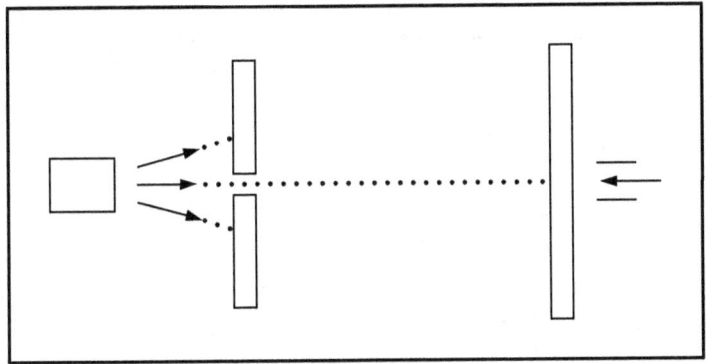

Чертеж 9

Теперь слегка изменим условия эксперимента, поставив перегородку с двумя отверстиями. Ожидаемым нами результатом стало бы попадание частиц в две разные и вполне определенные точки экрана — аналогично тому, что происходит в предыдущем эксперименте с одним отверстием. Однако на деле, если мы хорошо организуем эксперимент и выдержим определенное соотношение между размерами частиц и размерами отверстий в перегородке, результат будет отличаться от ожидаемого. Мы обнаружим, что частицы попадают в экран по всей его длине, а не только в тех двух точках, где мы предполагали их найти.

Частицы будут попадать в экран симметрично, на равных расстояниях, распространяясь в обоих направлениях до бесконечности. При этом количество частиц, попадающих в ту или иную точку, будет разниться. В центр экрана попадет наибольшее количество частиц, а по мере удаления от центральной точки их число будет постепенно снижаться. Пропорция между количествами частиц, попадающих в каждую точку экрана, описывается волновой моделью (чертеж 10). Отсюда и происходит высказывание о том, что квантовые частицы являются корпускулами и волнами одновременно.

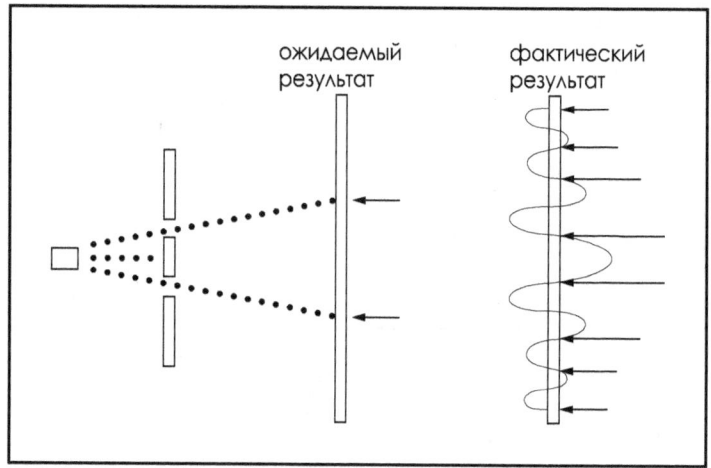

Чертеж 10

В таком случае, что такое волна? Для простоты понимания, сначала я отвечу на этот вопрос в первом приближении, а затем поправлю неточность. Волна — это распределение вероятностей нахождения частицы в определенной точке по длине экрана. Практически из «пулемета» в сторону экрана испускается блуждающая волна вероятностей — говоря иначе, вероятность нахождения частицы в определенном месте.

А теперь я поправлю себя. Измеряя количества частиц, попадающих в разные точки экрана, мы получаем математический результат, соответствующий не движущейся волне вероятностей, а движущейся волне квадратного корня вероятностей. На деле часть квадратных корней имеет отрицательные значения. Вероятность какого-либо события в реальном мире колеблется между единицей и нулем, однако она не может быть отрицательной. Таким образом, «нечто», распространяющееся в пространстве, не существует в физическом мире, но вызывает в нем последствия.

Сделаем еще один шаг вперед. Можно организовать эксперимент таким образом, чтобы гарантировать выстреливание из «пулемета» лишь одной частицы. Как мы это сделаем? Измерим скорость движения частицы на пути к экрану, а также пройденное ею расстояние, и понизим частоту стрельбы до такой степени, чтобы быть уверенными в «одиночном выстреле». Фактически возможна и такая ситуация, когда частица будет вылетать из ствола один раз в неделю.

Так вот, и в этом случае мы получим то же самое распределение вероятностей, в точности напоминающее уже известную нам интерференционную картину двух налагающихся волн. Несмотря на то что речь идет об испускании одной частицы в неделю, мы наблюдаем складывающиеся друг с другом волны квадратного корня вероятностей.

А на самом деле положение дел намного более серьезно: даже если, выстрелив одну частицу, мы полностью разберем оборудование, а через год заново соберем его и выстрелим вторую частицу — результат будет точно таким же (см. чертеж 11).

Эта вероятностная картина выстраивается с абсолютной механической точностью и поразительным образом представляется находящейся вне времени и пространства. Механические параметры в совершенстве предопределены, их математика точно известна, и сегодня мы используем это явление в создании потрясающих вычислительных аппаратов. Выстрелив одну ча-

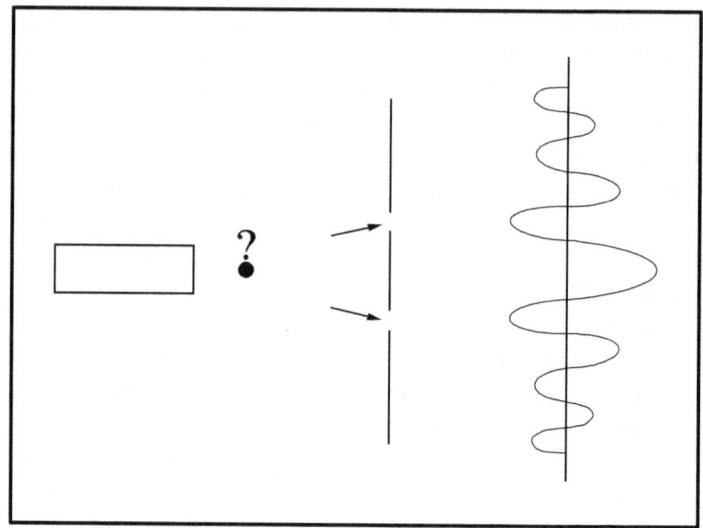

Чертеж 11

стицу, мы сможем с абсолютной математической точностью предсказать вероятность ее попадания в определенное место на экране. Однако квантовая механика утверждает — и это основной момент, — что ни один фактор физической вселенной не определяет, куда именно попадет данная частица. Иными словами, при рассмотрении миллионов частиц, их поведение определяется с абсолютной математической точностью, но конкретное место попадания отдельной частицы не определяется ничем из того, что находится в физической вселенной.

Некоторые из крупнейших физиков сделали из этого вывод о том, что в физической вселенной действует детерминистический компонент, в точности соответствующий нашим ожиданиям, но действует также и «нечто иное», неведомое. Это «нечто» тончайшим образом вплетено в ткань Вселенной и не препятствует событиям на механическом уровне. А потому, если недостаточно фокусировать взор, все события представляются механическими.

Однако, вглядевшись внимательнее, мы обнаружим, что все частные события во Вселенной подвержены воздействию некоего фактора, не являющегося ее частью. Более того, поскольку сама теория требует, чтобы это «нечто» не являлось частью Вселенной, мы остаемся на рубеже. Поэтому некоторые физики назвали квантовую механику пограничной наукой, то есть наукой, указывающей на границу, которой люди способны достичь в своих исследованиях физической вселенной как таковой. А также они сказали, что за этой гранью существует нечто такое, чего наука не сможет раскрыть для нас никогда.

Надежность квантовой теории

Всякая теория может оказаться ошибочной. Вот и в квантовой механике, которая является исключительно теорией, могут выявиться принципиальные ошибки. Более того, даже сегодня многие ученые считают ее неверной и ищут адекватную замену. В научном мире, безусловно, возможно падение одной теории и замена ее на другую, однако здесь необходимо провести тонкое различие.

Чтобы объяснить это, я воспользуюсь сравнением ньютоновской теории с теорией относительности Эйнштейна. Представим себе палку, движущуюся в космосе. Что случится, если мы заставим ее двигаться с очень большой скоростью? Согласно Эйнштейну, палка начнет сжиматься. С другой стороны, согласно Ньютону, какой бы ни была ее скорость, палка не претерпит изменений. Перед нами две соперничающие теории. Некоторые скажут, что теория Ньютона совершенно ошибочна, потому что теория Эйнштейна верна. В буквальном смысле слова эти звучат правильно, однако на деле они неточны.

Две эти теории точно разграничиваются формулировкой, которая гласит, что теория Ньютона является предельным случаем теории Эйнштейна. Смысл этого в том, что бо́льшая часть известных нам обстоятельств не позволяет палкам двигаться с такой скоростью, благодаря которой мы увидим, как они сжимаются. А потому в большинстве случаев объяснение Ньютона верно, хотя в целом правильной является концепция Эйнштейна. Мало того, что она верна при доступных нам скоростях, она останется верной и том случае, если мы ускорим палки до скорости, позволяющей наблюдать их сжатие.

Возможно, наука откроет новую теорию, которая скажет, что реальность, описываемая известной нам сегодня квантовой механикой, представляет собой предельный случай. Однако и тогда все, что мы сказали до сих пор о квантовой теории, останется в силе. Ведь если ты провозглашаешь теорию неверной, тебе нужно показать, что она абсолютно ошибочна по существу. Хотя теоретически такая возможность всегда существует, но к настоящему времени квантовая механика доказала свою состоятельность как самая успешная теория в истории науки. Более любой другой теории она подвергалась взыскательным и исключительным по скрупулезности проверкам. А потому нет никакого основания полагать, что она будет опровергнута в своей сути.

*

Изначально наука основывалась на религиозном воззрении и смотрела на мир как на живой объект, в котором действуют различные «духовные» силы, духи, бесы и прочее, и прочее. Затем возникла современная механистическая наука и постановила, что это совершеннейшая ошибка. Мир поддается подлинному пониманию согласно механистическим принципам физики и химии, все механистично, не существует каких бы то ни было живых сил, нет духов или бесов, обитающих в материи и управляющих ею. Объекты движутся не под влиянием духов, а по законам физических действий и реакций на них. Химические процессы протекают не в соответствии с мистицизмом алхимии, а согласно законам химических реакций, поддающихся количественному подсчету и математическому контролю.

Такой механистический подход сделал возможным гигантский прогресс в нашей способности понимать образ действия материи. Это привело к многочисленным технологическим новациям, плодами которых мы пользуемся вот уже долгие годы. Как было сказано, современная медицина зиждется в своей основе именно на механистическом взгляде на вещи.

До 30-х годов XX столетия биология считала, что она отличается от всех остальных наук. Объяснения ее сводились к тому, что хотя живая материя и состоит из химикалий, однако управляются они живой субстанцией — чем-то таким, что не является одной лишь материей. Вместе с тем современное развитие биологии было бы невозможным, если бы не решение отказаться от идеи живой субстанции. Все профессора, упорствовавшие в своей приверженности старой догме, были выброшены из университетов. Безжизненный механистический подход провозгласил, что живые биологические системы — это всего лишь чуть более сложные машины. Как следствие, получила развитие современная генная инженерия, молекулярная биология и фармацевтика.

В связях физики с другими науками кроется очень интересный момент. Все науки от мала до велика, включая химию, биологию, зоологию, антропологию и социологию, сформировали свои модели в соответствии с механистической концепцией королевы наук — физики. Фактически процесс этот не прекращается вплоть до наших дней. В университетах мира различные науки еще не завершили своего согласования с физическими моделями XIX века, а тем временем физика сама уже отказалась от этих моделей. Даже в области молекулярной биологии, занимающейся микроскопическими объектами, еще не обратились к той колее, которую проложила квантовая революция.

Примерно год назад я преподавал на биохимическом факультете Тулузского университета во Франции (биохимия изучает молекулы чуть больше тех, которые являются предметом органической химии). Так вот, декан факультета не сознавал того факта, что для понимания процесса развития белка необходимо учитывать квантовые эффекты, а потому его невозможно понять в рамках терминов классической механики. Это пример того, что даже такая относительно фундаментальная наука, как биохимия, еще не уяснила для себя следствий квантовой механики.

Да и в самих физических кругах, как я уже упомянул, бо́льшая часть физиков еще не совладала со значением открытия, согласно которому явления, происходящие в физической вселенной, не полностью обусловлены предыдущими физическими событиями. Это все еще до основ сотрясает мировые научные воззрения.

Мы переживаем медленный процесс концептуальной революции. Все больше и больше физиков, биофизиков и специалистов в биомолекулярной области начинают осознавать влияние квантовой механики. Например, некоторые признают сегодня тот факт, что эволюция сопровождалась квантовыми эффектами в процессе формирования организмов. Однако таких людей все еще очень мало. Приступив к осмыслению ситуации, часть их поняла, что это ведет к далекоидущим последствиям: мировая механистическая точка зрения отпала, и вместо нее существует нечто иное. Полагаю, что такие люди смогут заинтересоваться тем, что находится за пределами физического мира.

Завершу свое выступление на личной ноте. Еще в молодости во мне теплилось чувство того, что секреты физического мира скрывают в своих недрах еще более глубокие таинства. Не успев понять, чем именно занимается квантовая физика, я уже предполагал, что должен быть подходящий путь глубокого проникновения в ее сердцевину — путь, который ведет в сторону духовного мира. Кроме того, меня всегда интуитивно привлекало изучение каббалы. Сталкиваясь с каббалой в ее подлинном формате, я каждый раз в самой простой и естественной форме чувствовал внутри себя, что это истина.

ЧАСТЬ II
Восприятие реальности

Предисловие ко второй части

Из первой части книги Вы узнали, насколько близко современная наука подошла к взглядам каббалы на мироздание. Вы увидели, как крупные ученые, специалисты в квантовой физике раскрывают для себя те глубины материи, которые каббалисты описали более трех тысяч лет назад.

Фильм «What The Bleep Do We Know?», в создании которого приняли участие эти ученые, рассказывает о том, как человек воспринимает реальность, воспринимает все происходящее с ним, происходящее в нашем мире с точки зрения квантовой физики. А каковы воззрения каббалы на восприятие человеком реальности?

Мы задались целью выявить точки соприкосновения квантовой физики и каббалы, проследить подходы той и другой наук к освещению этой важной проблемы, которая сейчас интересует многих людей во всем мире, и попросили физиков и «лириков» задать соответствующие вопросы каббалисту — д-ру Михаэлю Лайтману. Оказалось, наука каббала может дать ответы даже тем, кто не постиг ее глубины.

Вопросы и ответы на тему восприятия реальности с точки зрения каббалы мы и предлагаем Вам во второй части книги.

Реальность или плод воображения

В фильме о восприятии реальности, созданном при участии известных американских ученых, рассказывается, что вся окружающая действительность, осознаваемая нами, является всего лишь плодом нашего воображения. Это картины, образы, возникающие в нашем мозге. Если в нем нет каких-то образов, то и вне себя мы не способны ничего увидеть.

Создатели фильма приводят пример о том, как корабли Колумба приближаются к берегам Америки. Индеец, стоящий у кромки океана, смотрит вдаль и не видит корабль. Он видит только воду, окружающую его, и замечает, что с ней происходит нечто необычное, словно какая-то большая глыба рассекает водную гладь и вздымает ее, но что конкретно представляет собой эта глыба, он не понимает, потому как не знает, что такое корабль, не знает, что подобное явление может существовать.

Только после того, как индеец встретился с прибывшими людьми, которые объяснили ему, что такое корабль, он нарисовал у себя в голове некий образ большой лодки, приблизивший его к образу корабля, и тогда начал видеть его. Затем он отправился к своим соплеменникам, описал им корабль, они тоже представили в своем воображении этот образ, и увидели корабль, которого прежде никогда не встречали.

Этот пример может свидетельствовать о том, что мы не воспринимаем реальность, существующую вокруг нас. У нас есть глаза, мозг и, как говорит Бааль Сулам, некий экран, как в фотоаппарате, находящийся позади мозга. Мы проецируем на этот экран всевозможные формы, и нам кажется, что они исходят не исключительно из мозга, а поступают от органов зрения. Поэтому написано: «Есть у них глаза — да не видят».

Подготовка правильных моделей восприятия

Однако существует возможность открыть глаза. Если человек изучает различные достоверные формы, которые он должен запечатлеть внутри мозга, методы подготов-

Подготовка правильных моделей восприятия

ки правильных моделей восприятия, то в конечном итоге он верно воображает (в любом случае воображает!) находящееся вне его.

В каждом из нас существует 613 желаний. На самом деле их гораздо больше, но все они в конце концов объединяются в 613 основных желаний. Каббалисты говорят, что в человеке эти желания сочетаются по-разному, но в результате в любом из нас в каждое мгновение жизни наличествуют те же 613 желаний, находящихся в определенном состоянии.

Соотношения между этими желаниями, словно векторы на картине, рисуемой нами на экране компьютера, создают картину реальности. Эта картина не существует снаружи, мы просто рисуем ее внутри себя. Как можно изобразить правильную картину реальности? Исправив наши желания намерением ради отдачи.

Когда мы становимся независимыми от желаний, приходящих к нам естественным образом, и направляем их во вне, уподобляя, насколько возможно, все многообразие их соединений простому абстрактному Высшему свету, находящемуся снаружи (вне нас нет никаких картин, есть только абстрактный Высший свет), тогда мы постепенно приходим к состоянию, в котором исправляем наше видение, наше восприятие.

Теперь в своих желаниях мы уже начинаем воспринимать этот абстрактный свет, называемый Творцом, и достигаем состояния, в котором сами тоже входим в абсолютную реальность, называемую Бесконечностью, где мы на самом деле пребываем. Единственно существующее истинное состояние — это Бесконечность.

Наука каббала обучает нас методике правильного восприятия. Что особенного в этой методике? Особенностью ее является то, что человек, воображая себе картину реальности, начинает ощущать, оживляет ее. Он самостоятельно строит свою жизнь, потому что все те образы и ситуации, — все, что он рисует в собственном мозге, в сущности являются миром, который он создает в своем воображении, поэтому он и называется «воображаемым миром», — и в нем он живет.

Если человек построит правильные модели для ощущения Высшей, совершенной, бесконечной, вечной реальности, это будет означать, что он достиг подобной жизни — вечной и совершенной.

К этому нас приводит наука каббала, объясняющая, что во всем творении не существует ничего, кроме нас и того же света Бесконечности, у которого только одна цель – привести нас к подобию свойств с Ним, чтобы мы стали такими же, как Он — совершенными и вечными. Каббала изучает, как обрести такую форму существования. В сущности мы занимаемся построением правильных образов для восприятия нашего мира, постижением высших форм. Как тот индеец не увидит корабль, если в его голове не выстроится форма корабля, так и мы должны нарисовать в нашем мозге всевозможные правильные образы света Бесконечности, находящегося вне нас.

Однако не сразу мы создаем в себе подобие свету Бесконечности. Вначале необходимо построить различные якобы промежуточные образы, называемые ступенями, мирами, парцуфами[1], сфиротами, но постепенно, после постижения всех этих стадий, мы приходим к абсолютной картине — истинной и единственно существующей.

Наука каббала обучает нас тому, как постепенно, поступенчато прийти к этому состоянию.

Вопрос: Как человек может быть уверен, что его воображение ведет его по правильному пути? Ведь человек может вообразить себе все, что угодно.

Нам кажется, что у человека имеется бесконечное количество возможностей для того, чтобы нарисовать внутри себя всевозможные образы, картины, модели. Что же представляют собой правильные образы? Это мы и изучаем.

---

[1] см. Словарь терминов в «Приложении».

В сущности, можно ответить сразу: не важно, что ты представишь себе в своих желаниях, то есть не важно, в каком сочетании твои желания будут находиться каждое мгновение твоей жизни, во время твоего существования в текущем состоянии.

Ты только обязан в каждом своем состоянии позаботиться о том, чтобы твои желания были направлены наружу. Ты не должен оставаться внутри этой фотографии, внутренней фотокамеры. Тебе следует изучить, в соответствии с рекомендациями каббалистов (подобно тому, как матросы Колумба обрисовали индейцу образ корабля), что представляет собой Высший мир для того, чтобы правильно увидеть, вообразить его.

В каббале это называется «раскрытием глаз» — раскрытием духовного. Это и есть предмет нашего изучения, потому что в конечном итоге все труды каббалистов, вся методика предназначены для того, чтобы правильно настроить наши органы восприятия, наше кли, подготовить его таким образом, чтобы достичь ощущения простого высшего света.

Промежуточные формы, раскрываемые нами, также являются воображаемыми. Даже высшие миры: Асия, Ецира, Брия, Ацилут, Адам Кадмон — до достижения мира Бесконечности, картины которых мы рисуем в наших пока еще не полностью исправленных в подобии абстрактному свету келим, также представляют собой частичные формы мира Бесконечности — Абсолюта.

Когда мы достигаем совершенной картины, все исчезает, мы вливаемся во внутрь этой Бесконечной Силы, что и является правильной формой существования. Мы и сейчас пребываем в этой Бесконечной Силе, только не воспринимаем ее, а рисуем картину, которая и предстает перед нами.

Получается, что вся наша работа должна осуществляться не над самими желаниями, а над их направленностью, то есть мы обязаны обрести намерение отдачи, поменять форму восприятия. Тем самым мы достигаем осознания Бесконечности, духовного восприятия.

Наша жизнь, то есть ощущение жизни, смерти, болезней, здоровья, всего сущего, согласно этому изменится, потому что все это мы рисуем в нашем воображении.

Как создать другую реальность

В то самое мгновение, когда ты весь свой внутренний мир, в котором ты воспринимаешь себя и внешнюю реальность, стараешься ориентировать на отдачу, настроить на любовь к ближнему, ты создаешь другую реальность. Это не происходит тотчас же, но внутри таких действий ты постепенно начинаешь ощущать, что, направляя себя наружу, воспринимаешь нечто, действительно находящееся вне тебя. Таким образом, мы приходим к ощущению высшего мира.

«Возлюби ближнего, как самого себя» — главное правило каббалы. Ничего не поделаешь, изменение восприятия у нас выражается такой фразой. Поэтому вся работа и учеба предназначены только для того, чтобы совершить в нас инверсию восприятия реальности. Таким образом мы ощущаем другую жизнь — вечную, ничем не ограниченную.

Нам кажется, что так же, как мы видим сейчас этот мир, мы увидим затем нечто иное, дополнительное. Нет! Мы увидим себя и всю реальность совершенно по-другому. Интересно, что на сегодняшний день ученые уже открывают это.

Восприятие материальных и духовных объектов с точки зрения ученых и каббалистов

Люди появились в этом мире, предположим, 50000 лет назад, — не важно, сколько. Постепенно мы обрели наше сегодняшнее восприятие реальности. Оно передавалось нам наследственным путем и прививалось воспитанием. Сегодня новорожденный ребенок получает такое восприятие мира, которое является результатом того, что происходило с ним на протяжении всех его кругооборотов, всего предшествующего воспитания. Это уже заложено в нем.

Если у человека никогда не было никаких образов, то в его мозге нет подобных моделей, соответствующих ассоциаций, связей между нейронами и всеми элементами мозга, чтобы он мог идентифицировать определенные предметы и явления.

Прежде считалось, что существует картина мира вне нас, и мы должны лишь соединить внутри себя нейроны соответствующим образом, чтобы увидеть этот мир. В таком случае вне нас существует и духовный мир, только мы не ощущаем его, поэтому для его восприятия нужно быть экстрасенсом, то есть человеку необходимо какое-то дополнительное количество соединений внутри его мозга, и тогда он увидит еще и духовный мир дополнительно к этому миру.

На сегодняшний день ученые обнаруживают, что нет мира вне нас (наука каббала говорит об этом уже тысячи лет), только ты сам, соединяя внутри себя образы, программируя свой «компьютер», создаешь эти картины. Поскольку в тебе существует предыдущая программа, ты рождаешься и воспринимаешь будто бы существующую реальность.

Создай другую программу для своего «компьютера», построй иные связи в своем мозге, и тогда ты увидишь истинную реальность. Ты начинаешь видеть подлинную действительность, когда проходишь по всем своим предыдущим связям, делаешь на них сокращение и не используешь их, — это означает, что ты освобождаешься от эгоистической формы контакта и переходишь к альтруистической форме.

Ты действительно вводишь в «компьютер» абсолютно новую программу, и тогда ты видишь, что твое «Я» является всего лишь точкой ощущения, вне которой существует свет Бесконечности, и ты пребываешь в Нем. Это называется точкой слияния, «каплей слияния». Это и есть — истинная реальность.

Созданная Творцом точка — «нечто из ничего» лишь отделила тебя от света Бесконечности, для того чтобы ты смог ощутить существование этого света, иначе такого ощущения не было бы. Только эта реальность и существует. Отсюда мы видим, насколько каббала не причастна к любой религии, она не имеет отношения ко всевозможным верованиям, и является наукой о восприятии мироздания, действительно, наукой о получении, согласно своему названию («каббала» — получение).

Итак, ученые считают, что наш глаз воспринимает только то, что мы можем себе вообразить, и в этом случае он улавливает находящееся снаружи. Говорят, что снаружи существует миллион возможностей, а глаз воспринимает одну из них, согласно тому образу, который мы создали внутри своего мозга, это то, что нам рисует наш разум.

Теперь поговорим о духовном мире. Там нет лодки. Там нет никакого образа, есть только свойство отдачи — одно единое совершенное абстрактное и простое, без каких бы то ни было составных частей, ничего в себя не включающее. Как же тогда мы можем уловить эту мысль, это свойство? Ее можно уловить только в том случае, если начать приближаться к ней постепенно.

Как мы можем ощутить хоть малую ее часть? Несомненно, мы не смогли бы этого сделать просто так, но в нас есть духовный ген — «решимо́», которое, в сущности, создано этой мыслью, и оно обладает такой же абстрактной и безграничной формой, как сама эта мысль.

Вопрос: Эта мысль — и есть качество отдачи?

Да. И наше решимо — оттуда. Оно спускается, утрачивая свою мощь, ослабевая до тех пор, пока не обнаружится в нас, в нашем ощущении. Что я сейчас должен сделать? Исходя из этого решимо, я должен развить в себе правильное восприятие, ощущение того качества, которое находится вне меня. С помощью чего? С помощью влияния этого ощущения на решимо. В этом и заключается весь метод. Я должен возбудить связь между решимо и правильным восприятием духовного свойства.

Тогда у меня внутри благодаря этому решимо каждый раз будет образовываться правильная форма (одна из 125 форм). Я, таким образом, и приду к пониманию Замысла творения.

Что же я каждый раз буду видеть? Каждый раз я буду видеть свое исправленное свойство отдачи как одно из 125, затем два из 125, пока не приду к полному осознанию, когда исправлю все 125 из 125 свойств.

Вопрос: Я все еще не вижу абсолютного отличия между восприятием индейцем корабля и каббалистом духовного.

Индеец должен увидеть формы, которых у него нет, но он может напрямую познать их, получив по наследству, из окружающей среды, или еще каким-то образом. Возможно, даже благодаря своему жизненному опыту, анализируя и отбрасывая все варианты: это не то и это не то, вероятно — вот это что! Тогда он начинает видеть, направленно формируя внутри себя данный образ.

В отличие от этого, в духовном у тебя нет никакой внутренней подготовки, которая могла бы послужить отправной точкой и сформировать правильную модель восприятия. Ты не можешь ее найти сам. Потому что внутренний параметр, который у тебя есть, — это чистое решимо. Ты не можешь построить из него ничего. Необходимо, чтобы на него подействовал высший свет, наполнил своими свойствами, и тогда это решимо приобретет форму свойства отдачи, станет его моделью.

Что значит отдача? Мы не знаем, что такое отдача. Отдача — это вывести свое ощущение наружу, вынести из себя, чтобы оно вообще не имело к тебе никакого отношения, чтобы между ним и тобой был разрыв. Это то, что может создать только свет. Это часть замысла творения, это часть Бесконечности, которую мы получаем.

Понятие «чудесное средство»

Я не обладаю готовыми формами для восприятия духовного. Хотя то же самое касается и материального, поскольку Бааль Сулам говорит, что нет разницы между скрытым и открытым в этом мире и в духовном мире. На уровне этого мира то, что от меня скрыто, называется скрытым, а то, что мне откроется, будет называться открытым. Пока же оно скрыто.

Я всегда пребываю частично в скрытии и частично в раскрытии. Разница в том, что существует реальность, к восприятию которой я не могу прийти естественным путем. Я не могу сформировать самостоятельно или перенять от своего окружения ее образы, внутренние модели для восприятия. У меня есть мой материал, моя основа и пути ее развития, а также среда и пути ее развития — четыре фактора, которые влияют на меня. Однако я не могу с помощью этих четырех факторов создать готовые модели для духовной реальности. Здесь необходимо нечто дополнительное.

Почему? Потому что законы духовной реальности противоположны моим законам. Мне необходима инверсия, переворот в подходе. Как мне это сделать? Откуда получить эту противоположную силу, энергию? Как мне построить эти формы? Если в моей природе существуют только эгоистические формы, то как я могу построить внутри себя альтруистические формы, чтобы постичь альтруистическую реальность?

Процесс построения таких форм называется «сгула́» (чудесное средство). Что означает сгула? Это то, что не работает напрямую. С помощью разных действий я вызываю на себя влияние Высшей мысли, которая является альтруистической. Когда она воздействует на меня, она окажет влияние не на мое эго, а лишь на альтруистическую точку в нем, которая наличествует исключительно у человека, в отличие от всех других творений.

Это может произойти только у человека, в котором данная точка просыпается. Он единственный способен чувствовать, что она поднимается изнутри, из его желаний, начинает гореть и светиться. Тогда появляется связь между этой светящейся точкой и общей мыслью, ведь они одной природы. Общая мысль воздействует на эту точку, и из нее начинает строить разные модели, которые человек чувствует присутствующими, как бы вне его, в духовном измерении.

Однако они не существуют вне человека, конечно же, они внутри него, как и этот мир находится внутри. Это лишь иллюзия, что мир кажется ему находящимся снаружи. В духовном то же самое, но, приобретая все больше и больше духовных форм, человек понимает в общем ту мысль, которая развивает и строит в нем эти формы. Таким образом, он начинает познавать ее.

Почему я не могу познать ее из эгоистического желания? Потому что оно противоположно ей, а из альтруистического желания, которое строит эта мысль, я могу познать ее. Так, внутри себя я строю формы все более и более похожие на эту мысль, а когда я завершаю этот процесс, построенные формы соединяются в единую мысль. Люди, которые достигли такого состояния, говорят, что это как будто бы находится вне тебя.

Затем происходит подъем к еще более высокому состоянию, к высшему измерению. Уподобив себя той высшей мысли, то есть построив в себе все эти модели, я включаюсь в нее, и мысль становится мной. Когда я уже являюсь этой мыслью, я поднимаюсь в еще более высокое измерение — туда, где была создана сама мысль.

Это ступени, о которых мы пока не способны говорить, потому что у нас нет никаких внутренних форм — нет понятия, что может быть за пределами этого.

Необходимо понять: единственное, что мы делаем, стараясь уподобить себя этому ощущению — мы строим свою готовность к нему, и только. После этого начинается реальность, которая и является целью.

Желание Творца — насладить творения

Альтруизм — это действия вне меня. Когда я поднял себя с эгоистической ступени на альтруистическую и стал полностью отдающим, когда существует только отдача, когда я закончил свое исправление и пребываю только в этом состоянии — могу ли я сказать, что стал отдающим?

Относительно чего я могу так сказать? Относительно Творца? Я пребываю с Ним в единстве, во взаимоотдаче и взаимополучении, когда между нами не существует разницы, когда невозможно сказать, что имеется какое-либо переливание информации или ощущений, когда нет различий, чтобы я мог сказать, будто что-то соединяется, когда нет получения, на которое есть отдача, и наоборот. Все — одно единое целое!

Что это такое: «одно целое»? Мы сейчас не можем понять, но это одно целое во всех смыслах. Однако осталось ли в этом едином ощущение мной своей единственности по сравнению со всеми другими душами? Или все души соединены вместе в соответствии написанному — «как один человек с единым сердцем» по отношению к Замыслу творения, к Высшему?

Видимо, и это исчезает на определенном этапе, и тогда мы вообще перестаем говорить об отдаче. Потому что об отдаче мы говорим в том случае, когда исправляемся и приобретаем свойство отдачи, но когда мы его приобрели, об отдаче уже нечего говорить. Это просто становится природой, и все. Мы оставили эгоистическую природу, она уже позади, перешли в альтруистическую природу, мы полностью пребываем в этом — и все. Уже нет, как бы альтруизма — это наша природа, и только.

Желание Творца насладить творения — это не альтруизм, а желание привести творение к состоянию, когда оно полностью соединено и слито с Ним, и нет между ними никакой разницы в свойствах, никакого отличия. Ощущение этого состояния называется «Его желанием насладить творения».

Это то, о чем мы пока можем говорить, а что за пределами этого — неизвестно. Каббалисты намекают, что есть нечто большее.

Природа Творца

Почему природа Творца — это именно отдача, а не получение или вообще нечто совершенно иное, о чем мы даже не можем ничего сказать? Теоретически существуют еще, быть может, тысячи возможностей, которые нам не известны, но это так. У нас нет на это и ответа. Поскольку это то, что нам дано: природа Творца — это отдача.

В отличие от нашего, противоположного состояния, природа Творца является совершенством, вечностью, безграничностью, абсолютной независимостью от кого бы то ни было. Это ощущение совершенства возникает потому, что Он дает, от Него получают наслаждение, наполняются. Так это выглядит относительно наших получающих келим.

Однако почему Он кажется нам отдающим и кто Он Сам по Себе, мы не знаем. Мы не говорим, что Ацмуто (определение Высшей Силы, нами не познаваемой) является отдающим. Нам это не известно. Об этом не говорится — «то, что не постигнуто, нельзя назвать по имени». Мы постигаем Творца, Его мысль по отношению к нам. По отношению к нам Он принял на Себя, на Ацмуто это свойство, эту модель отдающего, и создал нас получающими, чтобы мы увидели различие между Ним и собой, и захотели стать такими, как Он.

Эти свойства мы исследовали и ощутили. Однако, может быть, все иначе? Все может быть иначе, если на это будет Его желание, но это то, что пока мы исследуем, понимаем и ощущаем.

Почему Творец не принял иные формы? Это вопрос, относящий к периоду до сотворения, а о том, что было до сотворения, мы не спрашиваем, потому что не в состоянии постигнуть этого своими исследованиями.

Пробуждение решимо́т[1]

Индеец стоит на берегу океана, и видит волнение воды, не понимая, чем вызвано это явление. Он должен постичь высшую причину того, что здесь происходит — что сверху влияет на воду, делает с ней что-то, благодаря чему она так себя ведет. Он улавливает нижнюю половину этого явления, и тогда происходит как бы возбуждение кли, помогающее ему понять верхнюю половину явления.

Раскрывающиеся в нас решимот пробуждают ощущение того, что наверху есть нечто, подобно тому, как что-то влияет на воду, которая вдруг начинает вздыматься. Мы начинаем ощущать, что есть нечто такое в этом мире, причину которого мы должны открыть сами. Без раскрытия в нас решимот мы не смогли бы подступиться к этому вопросу, не понимали бы вообще, что есть дополнительная реальность, кроме той, что находится перед нашими глазами.

Решимот, которые мы возбуждаем с помощью изучения каббалы, открывают нам явления духовного мира, что в нашем мире никогда не смогло бы пробудиться. Во мне может пробудиться интерес к поиску нейтронов, протонов и тому подобного, но не сможет проявиться интерес к поиску и обнаружению каких-либо духовных явлений. Духовный корабль не приплывет ко мне и не проявится действиями в этом мире таким образом, что я почувствую некое духовное явление в этом мире. Все, что я увижу в этом мире, всегда будет следствием материального явления.

---

[1] Решимот — (мн. ч.) от решимо — духовный ген.

Только с помощью изучения каббалы мы сможем пробудить решимот, которые дадут нам нижнюю половину духовного явления. Тогда, если мы будем действовать правильно, то откроем и причину — саму духовную ступень. У нас нет иного пути, чтобы постичь высший мир.

В статье «Суть науки каббала», в части о передаче знаний этой науки, Бааль Сулам пишет, что сначала человек должен постичь Высший мир, а потом уже он сможет из высшего постичь низшее. С нашего уровня мы никогда не постигнем наш мир, мы должны подняться к его духовным корням, и уже из его духовных корней понять каким-то образом этот мир. Сколько бы мы ни жили и ни перевоплощались здесь, сколько бы ни ошибались, мы не сможем постичь, где находимся.

Как человек изобретает новые вещи

Как он вообще создает что-то новое? Как правило, мы объясняем это тем, что учимся у природы, улучшаем ее, но как человек улавливает саму природу?

Существует и другая проблема. Во всех объяснениях ученых присутствует некоторая неясность: сколько бы я ни рассказывал о корабле кому-то другому, это не вынудит его воссоздать в своем воображении внутренние формы, подобные моим. Корабль со всеми деталями, со всеми палубами невозможно представить из рассказа кого-то другого.

Если бы человек пришел к этому постепенно, развиваясь естественным образом, это еще было бы возможно. В конечном итоге мы должны согласиться с тем, что данная модель уже присутствует в моем мозге. Тот же, кто мне рассказывает об этом, возбуждает существующий внутри меня образ, помогает обнаружить, вытащить готовую форму со всеми ее деталями, которая находится в моем сознании.

Это является ошибкой создателей фильма, так как не может быть, чтобы, услышав о чем-то, я простроил это в своем сознании. Я могу вообразить дом, но я представлю себе корабль согласно моим понятиям, а другой — согласно своим.

Происходит возбуждение готовых форм, которые имеются у каждого из нас. Это и является еще одним доказательством того, что в нашей жизни нет ничего, что существовало бы вне нас.

То же самое можно сказать в отношении возможностей. Ученые утверждают, что человек выбирает из тысячи вариантов. Но нет тысячи возможностей! Потому что существует только одно будущее. Человеку лишь кажется, что есть множество вероятностей, пока ситуация не прояснится, пока он точно не выяснит решимо. Однако в то мгновение, когда человек его выяснил, он приходит к своему внутреннему единственному будущему состоянию, которое только и существует.

Все, что мы переживаем в жизни — это формы решимот. Нет дежа вю — ощущения, что когда-то это уже было. Наши решимот — не из предыдущих состояний в этом мире, все они только из духовного, только от разбиения, и были до того, как мы упали в этот мир.

Мы не возвращаемся ни к одному состоянию, которое пережили в этом мире. Все наши состояния — это раскрытие новых решимот. Каждое состояние — это нечто совершенно новое, и мы его переживаем впервые.

Что такое решимо

Решимо — это первоначальные, базисные данные. Бааль Сулам говорит, что если отец был транжира, то сын может быть скупым. Это просто потенциал, который теряет свою внешнюю форму.

Вопрос: Что заставляет его развиваться так, а не иначе?

Отношение, которое человек проявляет к решимо. Однако и отношение не является свободным выбором, это тоже было включено в решимо. Свободного выбора нет ни при отборе решимот, ни в способе их реализации.

Люди решили под давлением обстоятельств, что сейчас они думают вместе (коллективная молитва в минуту опасности), а когда они думают вместе, решимо реализуется иным способом. Они изменили связь между собой! Они захотели, чтобы между ними образовались другие взаимоотношения, решили использовать коллективную мысль. Связь между ними создает соответствие Бесконечности.

Вопрос: Именно связь изменяет решимо?

Конечно! Ты действуешь, чтобы приблизить себя к Бесконечности, к истинному состоянию, или ты действуешь, чтобы реализовать себя в своей эгоистической форме. В любом случае ты действуешь по схеме: желание, решимо и свет — больше ничего нет. Закон соединения во имя слияния с Творцом продвигает тебя в духовный мир. Однако просто закон соединения, тоже действует. Закон соединения действует сам по себе, поскольку есть соответствие системе Бесконечности, даже при отсутствии связи с Творцом.

Вопрос: Что, если это объединение с отрицательной целью?

Отрицательные или положительные цели, не важно. Связь между людьми привлекает силу свыше, которая способствует осуществлению этих действий.

Вопрос: Все цели, кроме слияния с Творцом — отрицательные?

Да.

Вопрос: Если мы решили уничтожить преступность в Москве, это совсем не обязательно является положительной целью?

Мы можем сказать, что это хорошо, поскольку это подобно мере любви, и тоже привлекает положительную энергию. Эти объединения в конечном итоге должны привести к осознанию зла. Все подобные усилия приведут к осознанию того, что они недостаточны, неправильны и необходимо что-то другое.

Есть ли разница между духовными и материальными решимот

Между духовным и материальным разницы нет. Есть человек, который ощущает Высший свет. Меры же ощущения Высшего света называются либо этим миром, если человек получает с намерением ради себя, либо духовным, если он это делает с намерением ради отдачи. Таким образом, это два вида отношения человека к Высшему свету, к Творцу: ради себя или ради отдачи.

Получение ради себя, происходящее в определенной, очень маленькой форме, называется этим миром. В духовном мире получение ради себя называется «клипой» (кожура, скорлупа, нечистота). Однако как бы то ни было, отношение человека к Высшему свету определяет, в каком состоянии, в каком мире, на какой ступени он находится.

Это отношение определяют решимот. Они развиваются по уровням: неживой, растительный, животный, говорящий, где на каждом есть подуровни, которые включают в себя те же ступени: неживое, растительное, животное, говорящий. С уровня «говорящий» животной ступени начинается развитие решимот уровней неживой, растительный, животный, говорящий, но уже духовной ступени.

Все определяет только эта цепочка решимот, кроме которой нет ничего, что оказывало бы на нас хоть малейшее влияние. Остальное лишь кажется нам оказывающим влияние и является мнимым.

Все, что мы мысленно представляем себе, основано на комплекте решимот, которые мы должны пройти, находясь в этом мире. Затем наступает очередь решимот, которые принудительно приводят человека к ощущению духовных образов, также в свою очередь являющихся воображаемыми. Ведь человек представляет себе абстрактный Высший свет в различных формах. Однако в духовном это все-таки формы света, хотя и частичные, если можно так сказать.

Так как же можно провести границу между этим миром и духовным? Между ними нет разницы. Все различие — только внутри человека, который ощущает эту разницу.

Почему каббала является единственной методикой продвижения

Каббала — это методика реализации решимот в том направлении, где наука без исправления келим исследователя не может ничего сделать. Ведь что представляет собой ученый? Это обычный человек, работающий с решимот наивысшей ступени человеческого уровня.

Решимот разделяются на уровни. Вначале идет уровень решимот телесных желаний, затем желаний к деньгам, почестям, власти, и, наконец, к знаниям. Выше желания к знаниям на уровне нашего мира нет ничего. Здесь ученые и останавливаются. Ведь для того чтобы продолжить познание, они должны начать исправлять себя, а в желании получать для себя они выработали все решимот, находившиеся в них.

Потому в каббалистических книгах и говорится, что каббала включает в себя все науки. В давние времена прежде чем приступать к изучению каббалы, человек якобы был обязан изучить семь наук. Ведь в процессе постижения он действительно проходит все основные науки. Он не погружается в физику, химию или биологию так, как это делают ученые, но постигает корни этих наук.

Человек проходит их в своих решимот и останавливается, когда хочет исследовать природу дальше, познать причины происходящего с ним, сам источник. Это приводит его к поиску, выходящему за рамки данных решимот. С уровня реализации решимот он должен перейти на уровень сил.

Ведь духовный мир — это мир сил, действующих до проявления в нас решимот. Это Замысел творения, разделенный на 125 (скажем так для простоты) уровней. В духовном мире мы исследуем силы, являющиеся корнями нашей мнимой действительности.

Возможность исследовать эти силы и ищут ученые, но они не смогут даже приблизиться к этому без предварительного изучения науки каббала. Ведь они должны изменить внутри себя подход к восприятию действительности. Они должны начать реализовывать решимо иным образом. Поэтому в наше время наука каббала и раскрывается, чтобы осуществить этот переход в наиболее легкой форме.

В наше время у человечества раскрылось желание постичь корни происходящего. Почему нам так плохо, в чем причина? Весь этот плач человечества поднимается из глубины сердец. Потому наука каббала и раскрывается, чтобы помочь человеку начать реализовывать те духовные решимот, к которым сейчас переходит человечество.

Поиски духовного пути, возвращение к различным восточным методикам характерны для нашего времени. Каббала раскрывается сейчас, чтобы дать человеку возможность обнаружить, что для реализации решимот не обязательно идти по пути страданий. Для того чтобы изменить свое намерение и достичь любви, мы не должны испытывать мучения и подвергаться воздействию «недобрых» сил. Это каббала и хочет объяснить всему человечеству.

В данной точке и находится свободный выбор человека. Способны мы это воспринять — хорошо, не способны — значит не способны. По тому, как раскрываются решимот в различных слоях человечества и какую возможность люди выбирают, видно, как будет происходить их дальнейшее развитие. Остается только надеяться, что все, кто пробуждается сегодня в стремлении к Творцу, воспримут простую, надежную и веками проверенную методику каббалы.

Четыре уровня решимот

Существует четыре уровня решимот животной стадии: неживой, растительный, животный, говорящий, соответствующие телесным желаниям, стремлениям к богатству, власти и знаниям. За ними следуют решимот желаний к духовному, корню всех предшествующих решимот. То есть духовными называются решимот желания познать источник нашей действительности.

Почему мы обращаемся к ученым? Потому что ученые находятся на наивысшей ступени желаний этого мира. На той ступени, где они столкнулись с проблемой познания корня нашей действительности. Что происходит на более глубоком уровне, чем материя? Ученые уперлись в эту стену, и не могут продолжать исследования дальше.

Они начали понимать, что на более глубоком уровне находится мысль, намерение ради отдачи, любовь, и уже подошли к осознанию того, что существует другой подход к действительности, иной вход в нее. Среди ученых есть те, кто уже говорит об этом в полный голос. Однако у них нет методики, каким образом притянуть духовное, как изменить восприятие природы.

Изменив подход, они начнут исследовать природу правильным методом. Они станут каббалистами, перейдя от изучения «семи земных наук» к истинной науке. С ее помощью они будут исследовать подлинную действительность, то есть Творца, и результаты их исследований станут известны миру. Это привлечет к каббале многих людей, которые одной своей принадлежностью к ней, согласием с ее достижениями уже выполнят возложенную на них миссию.

Восприятие реальности — это ствол, от которого уже, как ветви, произрастают все остальные исследования и возможности. Потому что от нашего восприятия себя, окружающей действительности зависит и наше самоощущение, и наше мироощущение. От этой отправной точки зависит все.

Вопрос: Если все дело в раскрытии решимот, и все происходит согласно определенному порядку, и существует только одна — духовная действительность, то человек может сказать себе, что он уже находится в духовном?

Человек не может себе такого сказать. Ведь духовное — это то, что он раскрывает посредством намерения ради отдачи. В этом и заключается разница между духовным и материальным: реализует ли он пробуждающиеся в нем решимот с намерением ради получения, или он делает это с намерением ради отдачи.

Как постигается высшая реальность

Что такое человек? Существует ли он сам по себе? Кто он — человек?

Может быть, человек относится к таким категориям, с которыми мы встречаемся в квантовой физике, где каждый объект превращается в некое малое, расплывчатое, неопределенное облако, состояние которого неизвестно. В результате вся материя обращается в некий «пакет волн», и хотя мы воспринимаем ее иначе, но истинная реальность может быть отлична от той, которую мы ощущаем.

Что такое воспринимаемый нами мир? Есть некий образ, с которым мы его для себя идентифицируем. Однако какой же мир на самом деле?

Сначала нужно установить некоторый фундаментальный, незыблемый принцип, определяющий, кто такие мы и что такое окружающая нас реальность, принцип, который бы не зависел от нас, от того, как мы это ощущаем, а был бы неким эталоном, объективно существующим, универсальным, железным правилом. Тогда на его основе мы смогли бы сделать заключение о том, какое отношение ко всему этому имеем мы и наше восприятие мира, но нам необходима какая-то основа. Мы не можем исходить из бесконечного числа возможностей, о существовании которых говорят современные ученые. Необходимо еще определиться с тем, кто такой «Я», воспринимающий все это бесконечное число возможностей, ведь мне не известно, что я собой представляю.

Путь, которым идет современная наука, очень труден. Он пролегает во мраке. Обнаруживается полное отсутствие каких бы то ни было основ во всем — в наших представлениях о человеке, о мироздании, привычках, восприятии. Поэтому не случайно человечество переживает тотальный кризис в своем понимании себя и этого мира, и как следствие — возникает кризис во всех областях его жизни и деятельности.

Наука каббала происходит из глубокой древности, и она изначально утверждала, что человек в нашем мире не сможет постичь истинную реальность. Однако все же существует методика, позволяющая прийти к постижению высшей реальности. Этот метод является искусственным, то есть человек не может открыть его просто так, своими силами. Если же посредством методики, переданной ему кем-то другим, он раскроет высшую реальность, то затем на основе информации о высшем он поймет и низшую реальность. Однако в результате изучения низшей реальности никогда не удастся постичь высшую.

Поэтому, с одной стороны, любой научный подход является хорошим и правильным — человек проникает в тайны природы и это делает его человеком. В этом нет сомнения. С другой стороны, данный подход возможен только до определенной границы, до махсома. Существует некий экран, граница, за которую человек не может проникнуть. Его природа, его восприятие, все открытые им научные принципы, все законы, выведенные им на основе собственного кли, своих свойств — все это не даст ему продвигаться дальше. Все испарится, как в квантовой механике, все вдруг начнет исчезать, и в итоге мы окажемся в пустом пространстве.

Почему человек чувствует себя, словно в вакууме? Потому что он не ощущает высшую реальность, к которой должен перейти. Он теряет свои ощущения к той реальности, в которой существует сегодня, а высшую реальность, идущую ему навстречу, он не способен воспринять.

Здесь необходим метод, позволяющий человеку начать улавливать высшую реальность, объясняющий, каким способом перейти к ее восприятию. Если бы не сила, направленная свыше, стремящаяся донести эту методику до человека, то сами мы никогда бы не открыли ее.

История насчитывает множество величайших религиозных мыслителей и философов, но никто из них так ничего и не смог обнаружить собственными силами. Человек же раскрывший эту методику, сделал это не потому, что обладал исключительными свойствами. Его уникальность заключается в том, что ему раскрыли эту методику сверху. Речь идет о праотце Аврааме.

Разумеется, он был исследователем и стремился понять и постичь мироздание, как рассказывает о нем Мидраш[1]. Однако это не означает, что только благодаря собственному желанию, своей любознательности, идя тем же путем, что и все остальные исследователи, он добился успеха. Может, он был умнее других? Но высшее невозможно раскрыть человеческим разумом. Или, может быть, у него были какие-то особые органы чувств? Нет, обычные, как у каждого человека. Про-

---

[1] Мидраш (от древнеевр. «дараш» — «искать», «исследовать», «истолковывать»), жанр литературы, гомилетическое и экзегетическое толкование Пятикнижия Моисеева (*энциклопедия Кругосвет*).

сто свыше было необходимо каким-то образом раскрыть эту методику.

После того как человек, овладев этой методикой, раскрывает с ее помощью Высший мир, он уже может передавать ее другим и обучать их тому же методу. Поскольку, обретая Высший мир, он сам поднимается на высшую ступень, и тогда относится к остальным так, как из Высшего мира относится к нему Творец. Он уже обладает Высшей Силой, и поэтому может помогать людям, объяснять, действовать в материальном мире рядом с другими, а также и в духовном, хотя окружающие и не чувствуют, как он их ведет, но он имеет возможность оказать им помощь. Это работа.

Бааль Сулам пишет в статье «Суть науки каббала» в главе «Передача знания из уст постигшего каббалиста» о том, что эту мудрость можно получить лишь от мудреца-каббалиста, который, в свою очередь, тоже учился у мудреца-каббалиста, и так это знание передается по цепочке от одного к другому.

Эта цепочка тянется от праотца Авраама, но в ней были разрывы. Бааль Сулам пишет, что существовало одно поколение, в котором мудрость каббалы не была передана от Учителя к ученику. Однако как бы там ни было, затем цепочка возобновилась, и человеческие души вновь получили каббалистическую методику, благодаря тому, что уже существовала «заслуга отцов» и другие предпосылки.

Что мы, в сущности, хотим донести людям? Мы должны объяснить, что собой представляет желание насладиться, как человек действует, исходя из этого желания, которое абсолютно эгоистично. С этим соглашаются и ученые. Даже весь наш кажущийся альтруизм на самом деле полностью эгоистичен, и невозможно перейти к подлинному альтруизму, поскольку такое изменение может произойти только за счет высшего света, особой силы, которая изменит человека. Поэтому мы нуждаемся в особой методике, позволяющей притянуть эту силу к себе.

Средства постижения духовного

Для постижения духовного мира необходимы группа, занятия, Учитель. Для чего все это нужно? Дело в том, что мы существуем в этом мире в удалении от нашего истинного состояния. Ведь на самом деле мы пребываем в состоянии, которое называется миром Бесконечности, и которое, как уже говорилось, может служить нам эталоном.

В этом состоянии мы соединены все вместе, как одно тело — одно большое желание, наполненное светом. Однако было осуществлено действие, отдаляющее нас. Это произошло для того, чтобы предоставить нам свободу выбора, дать новые градации восприятия, раскрытия, дать возможность перейти на другой уровень, подняться над своим желанием — чтобы мы были не просто желанием, наполненным наслаждением, а объединились с мыслью, находящейся выше этого желания. И для того, чтобы с уровня творения, получающего, мы поднялись на уровень Творца. Теперь мы находимся не в мире Бесконечности, а опустились ниже.

Это понижение произошло за счет того, что общее кли разделилось на множество частей. Итак, мы находимся на существенном удалении от первоначального состояния. Это не количественное, а качественное удаление — именно то, что называется отдалением в духовном. За счет того, что сейчас собственными усилиями мы приближаем себя к тому истинному состоянию, мы начинаем понимать Замысел творения, который исходит из уровня еще более высокого, чем мир Бесконечности. Мы обретаем мысль, разум этого состояния, проникаем в его «голову».

Таким образом, весь метод заключается в том, как нам суметь самостоятельно, своими силами возвратить себя обратно в мир Бесконечности. Для этого нам необходимо знать сущность данного состояния: мы находимся там «как один человек, с одним сердцем», во взаимной любви и взаимном поручительстве. Вся эта система функционирует для того, чтобы служить сосудом (кли) для Высшего света.

Это состояние мы должны построить здесь, в этом мире — своими действиями по отношению друг к другу стремиться воссоздать то же самое состояние, и тогда мы вернемся туда, благодаря собственным усилиям.

Такую работу человечество обязано произвести. Это уже предрешено, ибо само состояние уже существует. Наше текущее состояние — это только иллюзия, возникающая в наших замутненных органах чувств. Мы находимся в том самом состоянии Бесконечности, только его застилает туман, словно пыль покрывает наши органы восприятия, и мы должны их исправить, очистить.

Поэтому мы действуем относительно истинного состояния — как относительно эталона, принципиальной основы.

Как человек воспринимает реальность

Восприятие реальности не имеет прямого отношения к науке каббала. Это второстепенный фактор. Ведь на нашем пути, производя свое исправление (еще раз повторю, что тут необходимы группа, учеба, определенная методика), прежде всего мы открываем новые ощущения, новую картину, новый взгляд и вследствие этого восстанавливаем ту реальность, в которой существовали прежде.

Человек никогда не бывает способен осознать свое текущее состояние. Он должен подняться на более высокую ступень и тогда с ее уровня сможет исследовать ступень, находящуюся внизу. Почему мы можем успешно заниматься неживой, растительной и животной природой, но ошибаемся в том, что касается человека? Ни в психологии, ни в изучении общественных проблем, семьи — нигде мы не добились успеха. Это происходит потому, что для этого нам необходимо подняться выше уровня «человек».

Начав с помощью науки каббала ощущать состояние более высокое, мы видим и понимаем благодаря этому свое предыдущее состояние. Так мы и продвигаемся. Мы не исследуем принципов восприятия и ви́дения реальности, не ищем возможностей еще глубже проникнуть в ее тайны, как это делают ученые. Мы так не поступаем, ведь мы не знаем, в каком направлении двигаться.

Честь и хвала ученым. В своих открытиях они достигли колоссальных успехов, используя научный подход и огромное желание. У каббалистов это происходит не так. Я на уровне ощущений проникаю в суть данного состояния, и тогда, испытывая и переживая его, раскрываю предыдущее состояние, а также отчасти и то состояние, в котором нахожусь. Сначала я всегда восхожу на более высокую ступень и тогда уже исследую предыдущую.

К примеру, я никогда не узна́ю, что значит быть ребенком, пока я им являюсь. Нужно повзрослеть, чтобы понять, чем было мое детство. И так на каждом этапе. Скажем, я не знаю, что означает быть студентом, пока я сам студент. Я испытываю это состояние, но я не нахожусь над ним, я не могу поглотить его, находясь внутри.

Потому каббала не занимается исследованием реальности подобно ученым, которые продвигаются снизу вверх от узкого восприятия к более широкому. Каббалисты вообще не считают, что такое возможно, ведь при этом исследуется только материя. Нам нужно самим пережить и прочувствовать каждое состояние. Тогда мы будем правильно исследовать реальность — лишь благодаря тому, что сами поднимемся на уровень скрытого материала, на уровень сил, действующих за материалом. Когда я ощущаю эти силы, они становятся моими, я нахожусь на их уровне и, вследствие этого, понимаю, что происходит. Ведь это моя жизнь, мое жизнеобеспечение. Я не воспринимаю их разумом, но ощущаю в органах чувств.

В отличие от этого, с помощью внешнего разума, то есть лишь путем рассудочного восприятия мы не сможем исследовать реальность на уровне более высоком, чем тот, который исследуют физики. Чтобы перейти к более высокой реальности, нам потребуется войти в нее своими органами чувств. Научные инструменты, какими бы практичными они ни казались, здесь не помогут. Можно, конечно, вообразить себе высшую реальность, по-видимому, противоположную нашей, — реальность, в которой вместо притяжения все устремлено на отдачу.

Можно представить, что над нашей эгоистической природой все работает в единой спайке. Сами ученые говорят, что, вероятно, за всем стоит единая мысль и любовь. Эта идея возникла у них потому, что они видят: все соединено, все части реальности спаяны воедино, составляют общий механизм, общее устройство и пребывают в гармонии. Каждая содействует и помогает другой, является важным элементом системы, и все они заботятся друг о друге, как клетки одного тела.

В результате ученые приходят к предположению о том, что, по-видимому, всю действительность охватывает общий закон — закон любви. Иначе, если бы в ней действовали взаимопротивоположные силы, она не могла бы поддерживать свое существование и вообще развиваться. Так называемые «антагонистичные» силы необходимы лишь затем, чтобы развивать систему от состояния к состоянию — ведь всегда нужно отвергать менее хорошие состояния ради более хороших. Потому и силы развития кажутся нам противоположными друг другу.

Возьмем, к примеру, дыхание. Мы вдыхаем воздух и выдыхаем его, легкие расширяются и вновь сжимаются. Однако силы, участвующие в этом процессе, нужно рассматривать не противоположными, а помогающими друг другу, действующими на основе любви.

Так вот, ученые улавливают это благодаря тому, что исследуют природу и видят, насколько все спаяно и взаимосвязано в общее прекрасное единство. Однако сами они не выходят на тот же уровень, чтобы жить этой природой. Если бы они смогли изменить свое естество в соответствии с собственными ожиданиями, то обнаружили бы, что иная реальность кроется за темной материей и пропадающими частицами, оставляющими после себя лишь волны, неведомые и неуловимые. Как мы ощущаем реальность твердых тел, так же и они обнаружили бы новую реальность. Они воспринимали бы силы, их взаимосвязь и принципы их взаимодействия — вот, что раскрылось бы им тогда. Однако для этого нужно определенное ви́дение, соответствие, ощущение на уровне этих сил.

К примеру, ты зажигаешь в комнате свет и видишь находящиеся в ней предметы, но разве до того их там не было? Просто ты произвел исправление и теперь имеешь возможность видеть их, поскольку адаптировался с новой картиной реальности. Ты привел свой сосуд восприятия в соответствие с воспринимаемым состоянием. То же самое и здесь: ты обязан приводить себя в соответствие с действующими силами. Подобная адаптация и является методикой каббалы.

Существует ли одновременно несколько реальностей?

Нет ни одной реальности, кроме той, которая называется «Малхут мира Бесконечности». Кроме нее ничего нет. Все остальное является мнимой реальностью, предстающей пред взором той самой Малхут мира Бесконечности, которая ступень за ступенью погружается в туман затмения чувств. Она как бы теряет сознание, все менее ощущая себя и свое наполнение, пока не доходит до состояния наиболее низкого, наиболее смутного и наиболее оторванного от единственно существующей реальности — от Бесконечности. Такое состояние называется «этот мир».

Состояние этого мира характеризуется тем, что Малхут Бесконечности пребывает здесь в виде человеческих душ: нешамот[1], а точнее, нефашот[2]. Они чувствуют себя оторванными друг от друга — так им представляется, хотя в действительности подобного состояния не существует. Теперь, как мы уже говорили, исходя из этой реальности, люди должны стремиться достичь реальности Бесконечного мира.

Каждое мгновение жизни человека в нем пробуждаются «решимот». Решимо включает в себя текущее состояние и отчасти состояние более высокое, то есть будущее. Это, что называется, решимо дэ-итлабшут и решимо дэ-авиют. Решимо дэ-авиют относится к этому миру, к текущему состоянию, а решимо дэ-итлабшут — это решимо от света, находящегося на более высокой ступени, или от состояния, в котором я обнаруживаю свет на будущей более высокой ступени.

Если я правильно реализую решимо, то поднимаюсь на ступень решимо дэ-итлабшут. Посредством чего? Если я хочу присоединиться к Высшему, тогда во мне раскрываются новые желания, левая линия. Затем я удостаиваюсь исправить их и восхожу наверх.

Таким образом, предо мною не расстилается тысяча возможностей. В каждое мгновение жизни у меня есть лишь одно решимо. Я могу или реализовать, или не реализовать его. Во втором случае оно реализуется в какой-то иной форме: через страдания или посредством Высшего света. Может быть, его «оставляют» — иными словами, оно реализуется как бы помимо моего участия, и я автоматически перехожу к следующим состояниям. Ведь с каждым мгновением одно решимо сменяется во мне другим, подобно звеньям цепочки. По мере моего желания участвовать в процессе своего развития, в процессе выхода решимот, я начинаю лучше и целенаправленнее относиться к жизни, изыскиваю истинную реальность, средства ее достижения и т.д.

---

[1] Нешамот — (мн. ч) от Нешама — свет, обличающийся в сосуд бины.
[2] Нефашот — (мн. ч) от Нефеш — свет, обличающийся в сосуд малхут; свет, получаемый парцуфом от ближайшего к нему высшего парцуфа, а не как влияние мира бесконечности.

Кроме этого ничего нет. Физикам видятся несметные возможности, бесчетные миры и неисчислимые измерения. Возможно, это вызвано тем, что они представляют себе мир в виде голограммы... Это обусловлено квантовой механикой, высшие законы которой уже говорят о рубеже между материей, волнами и скрытой реальностью, в результате чего ученые приходят к подобным представлениям.

Нет несметных возможностей, и нет того, кто выбирает какую-либо из них. Кто я такой, чтобы выбирать? На основе чего я сделаю выбор? Да и что это за возможности? Быть там или тут? Мысленно определить для себя ту или иную жизнь? Такого не бывает. Что мне взять за эталон? Где наилучший вариант? Что я должен выбирать? Быть красивее? Лучше? На основе своих сегодняшних представлений и сосудов восприятия?

Как понять слова о существовании бесчисленных возможностей? Существуют ли они вне меня? Может быть, есть тысяча миров, занесенных в одну картотеку, а я выбираю, в каком из них очутиться? Вот я — все тот же я, Михаэль — перескакиваю из одной карточки в другую, включаюсь в иную реальность? Существуют ли они только в нашей фантазии или так же вне ее? Может быть, все они — исключительно плод воображения? Может быть, каждый из нас живет в выдуманном им мире? Тогда каждый остается со своими фантазиями, и фантазии эти переплетаются между собой?

Наш мир — воображение или реальность

Мы говорим, что наш мир является воображаемым. Вообще мы всегда исходим из постижения человека. Если человек постигает реальность то это реальность, если он постигает ее воображаемой — является воображаемой. Определяет это именно человек, а не некто со стороны: например, какой-нибудь ангел или праведник, находящийся в Конце Исправления. Есть люди, для которых наша реальность абсолютно мнимая, однако они работают с ней, поскольку понимают, что речь идет об одном из этапов, которые человек обязан пройти.

Точно так же мы не пытаемся развеять фантазии ребенка — что поделаешь, они — часть его мировосприятия. Малышам свойственны определенные детские ошибки в ви́дении мира: ребенок боится, что за дверью медведь, он воображает себе всевозможные образы и персонажи, которые населяют его мир. Мы же, со своей стороны, не разрушаем мир ребенка, поскольку знаем, что относительно степени его развития это вполне нормально.

Потому человек, перешедший от одной реальности к другой, воспринимает прежнюю реальность воображаемой. Она воображаема относительно него, но не относительно тех, кто все еще находится на той ступени. Для них это, возможно, единственная реальность, ведь они никогда не переходили от реальности к представлению, то есть никогда не поднимались со своей ступени восприятия на более высокую.

Человек, не прошедший махсом, не видит, что за всем этим миром стоят силы, рисующие в нем текущую картину реальности так же, как электростатические силы прорисовывают картинку на экране компьютера. Мы задаем в настройках 16 миллионов цветов, устанавливаем пиксельную резолюцию и любуемся красочными цветными изображениями — а ведь это всего-навсего сочетание, комбинация электрических сил. Однако посмотрите, что они позволяют нам делать: мы можем передавать, пересылать эти изображения, обрабатывать их, сохранять и т.д.

Так вот, мы тоже видим картинку, только не на экране, а в своем восприятии. За этой картинкой стоят силы, которые ее и прорисовывают. Тот, кто поднимается на их уровень, понимает, насколько силы эти реальны, а рисунок — мним. Изображение очерчивается каждый раз по-иному, однако силы все те же, только их взаимосвязь подразделяется на уровни. Речь идет о 125 ступенях, на которых человек постигает все более истинную и правильную связь этих сил, пока не доходит до такого их соединения, которое называется Бесконечностью. При этом человек понимает, что все предварительные этапы, все первоначальные постижения и картины восприятия были воображаемыми.

Так воображаема или не воображаема картинка на экране компьютера? Вообще, что значит «воображаема»? Если бы у меня были другие органы чувств, я бы ее не воспринимал, для меня бы не существовало этих тонкостей. Следовательно, первая аксиома утверждает следующее: речь идет о восприятии человека, однако вне человека ты остаешься без инструментов восприятия — кто же тогда смотрит на реальность, кто постигает, кто определяет, кто воспринимает ее? Потому мы все время должны оставаться последовательными и не выходить за рамки восприятия того, кто постигает.

Как воздействовать на реальность

Несомненно, если люди объединяются друг с другом и начинают вместе размышлять об определенной реальности — это оказывает свое влияние. Наши мысли производят очень сильное воздействие на реальность. Однако сколько бы мы ни стремились положительно повлиять на действительность, мы все равно будем влиять на нее отрицательно. Ведь мы эгоисты, и даже лучшие наши помыслы все равно будут устремлены на получение хорошего результата для себя.

Потому, хотя результаты и проявятся, они все-таки будут отрицательными, так как сначала нам нужно прийти к осознанию зла, к пониманию необходимости переменить свою натуру. Требуется осознание зла, кроющегося в нашей текущей природе, а напротив него лежит осознание блага в альтруистической природе — подлинно альтруистической, а не такой, какой она представляется нам сегодня.

Поэтому всевозможные красивые прожекты, призывающие обняться и поразмышлять о чем-нибудь хорошем, не изменят мир к лучшему. Я бы сказал, наоборот, это приведет к ускоренному раскрытию заключенного в нас зла. Оно раскроется по-хорошему, но все-таки это будет раскрытием зла.

Иными словами, поступать таким образом хорошо и полезно, но не надо думать, что с этого времени мы вступим в период процветания и подъема, воспарив над суетой. Какое там парение? Ведь тем самым мы не приближаемся к Творцу. В сущности, мы, наоборот, приводим в действие свои эгоистические силы и хотим, чтобы нам было хорошо, поскольку не можем помыслить о чем-то, не увязав этого с собственной выгодой. Даже если все мы станем думать о том, чтобы Творцу было хорошо, все равно желать Ему добра мы будем потому, что это сулит благо нам самим.

Таким образом, чем быстрее ты привлекаешь людей, находящихся в неисправленном состоянии, к действиям — хорошим или плохим, не важно, — тем быстрее раскроется зло. Путь этот ошибочен, поскольку тем самым ты не пробуждаешь свыше свет, в котором видишь свои изъяны. Если ты станешь предлагать человечеству заключить друг друга в объятия и вместе погрузиться в прекрасные размышления, то повторишь печальный опыт России. В ответ тебя ждет взрыв: нацизм или еще что-нибудь такое, по сравнению с чем, конечно же, лучше было бы ничего не предпринимать.

Отсюда вновь следует вывод о том, что оптимальное раскрытие этапов пути возможно лишь благодаря привлечению света свыше. Иначе говоря, методика необходима изначально, а потому нам стоит сейчас пропагандировать эту методику. Ведь если ты не информируешь о ней человечество, оно переживает множество бедственных этапов, чтобы в итоге сесть и сказать: «Ничто не в силах мне помочь, ни по-плохому, ни по-хорошему. Я не могу достичь ничего. Путь, кажущийся хорошим, приносит мне еще больше проблем, чем плохой путь». Это мы и наблюдаем. Ученые все-таки догадываются о том, что подлинная реальность альтруистична.

Вопрос: Что значит «притягивать свыше свет»?

Притягивать свет свыше — значит насколько это возможно из нашего состояния, представлять себе единственно существующее истинное состояние, Бесконечность, где все мы спаяны воедино по отношению к Творцу, и помыслы наши устремлены лишь к Нему.

Не надо воображать, будто мы уже пребываем в Бесконечности, однако мы хотим получить из этого состояния силу, которая поможет нам и исправит нас так, что мы действительно окажемся там. Каким же образом эта сила должна к нам прийти? Она приходит лишь тогда, когда мы, объединившись друг с другом, желаем обрести эту силу и притягиваем ее посредством учебы. Нет никакого иного средства.

Насколько это возможно, я соединяюсь со всеми так же, как это было в том состоянии. Я вместе со всеми как будто бы пребываю в Бесконечности, вынашиваю одну мысль относительно наполнения, которое Творец должен привнести в нас. Все это я представляю себе, находясь на текущей ступени. Я учусь, то есть читаю и в соответствии с изложенным в книге представляю себе, что нахожусь в описываемом состоянии, или же в промежуточных состояниях — это уже не важно, все они относятся к состоянию Бесконечности.

Таким образом, я не могу без книги, без окружения, без воображаемых состояний. Все это мне необходимо, чтобы максимально уподобить себя состоянию Бесконечности. Тогда оттуда ко мне приходит «вдохновение», оттуда излучается сила, которая улучшает меня. Что это за сила? Это сила, поддерживающая существование, подобно инфузии для человека, который лежал без сознания, а теперь начинает приподниматься и вставать. Потому мне и необходимы книги каббалистов, мне необходимы их советы по поводу того, как соединиться в это единое кли. Вот в сущности и все: единое кли и правильная книга.

Вопрос: Что такое «свет»? И что значит «свыше»?
«Свыше» — это означает более альтруистичное исправленное состояние. Имеется в виду состояние, подлинно альтруистическое относительно Творца. «Свет» — это Высшая Сила, творящая, исправляющая и наполняющая творение.

Абсолютного Творца нет

Творец (Борэ) — это то, что я раскрываю как высший относительно себя уровень. «Бо у-р'э» — приди и смотри. Приближаясь к Нему, я вижу и постигаю Его. Воспринимая и постигая Его, я тем самым, пребываю в единении, в слиянии с Ним. Если эта ступень не окончательная, то далее в слиянии обнаруживается изъян. На самом деле это не изъян, а добавка моих неисправленных желаний, которые я также исправлю и стараюсь привести к слиянию, к единению. Сообразно с этим изъяном Творец раз за разом становится все выше в моих глазах.

Можно выразиться и иначе. С настоящей ступени раскрывается решимо, соединенное со следующей ступенью. Или можно сказать, что раскрывается абсорбирующий меня АХАП[1] высшего, внутри которого я нахожусь. Он доносит до меня сущность более высокой ступени, показывает, что это такое, обрисовывает мне ее, выявляет, насколько она готова к отдаче и противоположна моим неисправленным желаниям. Тогда я нахожу силы, чтобы перейти со своей ступени на ступень АХАПа высшего. Это и называется «Творец».

Итак, нет абсолютного Творца. Что находится там, в Бесконечности — мы точно не знаем. Видимо, там существует некая категория Абсолюта. В Бесконечности со-

---
[1] АХАП — желания получать в творении, душе.

здается такое соединение, которого мы понять не можем, потому что там все концы спаиваются воедино.

У нас нет слов, чтобы выразить это состояние, ведь наши чувства обусловлены разбиением. На этапах, предшествующих состоянию Бесконечности, «Творцом» называется высший относительно меня уровень — и других определений нет. Ведь действительно, более высокая ступень выстраивает, творит и порождает низшую ступень, а затем исправляет ее и наполняет.

Что видит обычный человек

Он видит проекцию своих решимот на свет Бесконечности. Он видит самого себя, видит свои решимот, свои свойства.

Когда мы говорим, что человек ощущает АХАП Высшего — это справедливо только при условии, если человек ощущает, что существует нечто выше него. Выше него — отдача, и требует от человека отдачи. Он воспринимает это как мрак, как тьму — как что-то недоброе. Однако именно отдача, нечто доброе по отношению к нему называется АХАПом Высшего, а не любая вещь из того, что представляется нам окружающим нас миром.

Окружающий меня мир не может быть Высшим относительно меня. Высший — означает более высокий, чем я, с точки зрения отдачи. Если же он не выше меня по качеству отдачи, и я не отношусь к нему как к высшему, как к отдающему, то это просто рисующаяся мне картина этого мира, мои решимот без АХАПа Высшего.

АХАП Высшего начинает светить мне только при условии, что я стремлюсь к Нему.

Вопрос: Чем исследования каббалиста отличается от исследования ученого?

Я обнаруживаю иную причину. Я не изучаю, как одна молекула приводит к возникновению другой — я раскрываю это в виде силы, в виде свойств. Что я раскрываю в Творце? Я обнаруживаю, что Он является высшим по отношению ко мне. Иными словами, Творец — это собрание свойств, закономерность, более высокая по сравнению со мной. Высшая ступень содержит в себе те же силы, свойства, что и я — иначе как бы я мог улавливать ее?

Можно сказать так: Высший свет абстрактен, а я внутри пробуждающегося во мне решимо каждый раз представляю себе более высокую ступень еще более высокой. Однако я представляю ее себе, исходя из проекции собственных свойств. Именно я представляю себе Творца, именно я каждый раз рисую Его перед своим внутренним взором. Я обязан вырисовывать Творца, иначе мне не уловить Его. Абстрактный, лишенный одеяний свет я не воспринимаю. Я представляю себе Творца в своих пяти органах чувств, в своих пяти келим: КАХАБ-ТУМ (кетэр, хохма, бина, тифэрэт, малхут).

Итак, я рисую себе Творца, ничего не поделаешь. Можно говорить о том, что затем следует абстрактная форма и сущность Творца, Ацмуто — однако это уже не поддается восприятию.

Вопрос: Тогда чем это отличается от нашего обычного восприятия? Ведь и сейчас человек улавливает своими органами чувств нечто извне. Он не знает, что это такое, однако окружающие факторы встречаются с его органами чувств, и их реакция складывается для него в картину реальности.

Отличие здесь в том, что с органами чувств здесь ничего не соприкасается. Я в своих объяснениях описываю «черный ящик» с пятью органами чувств — пятью отверстиями, в которых помещены мембраны. Испытывая внешнее воздействие, этот «ящик» воспринимает лишь свою внутреннюю реакцию. Таково простое объяснение, чтобы люди увидели, до какой степени мы замкнуты внутри этого «черного ящика».

Более правильное объяснение заключается в том, что вне этого ящика ничего нет. Существует лишь абстрактный свет.

По какому принципу я испытываю реакцию? Я реагирую не на то, что оказывает давление извне — я реагирую на решимот, которые постоянно давят на меня изнутри. Сообразно с этим, я раз за разом внутренне пробуждаюсь. Абстрактный свет или его постоянное давление на меня представляет собой Замысел творения о наслаждении созданий. Давление постоянно, однако относительно решимот оно представляется переменным, поскольку сами решимот сменяются. В результате относительно самого абстрактного света Бесконечности создается впечатление движения. На самом же деле движение происходит изнутри.

Таким образом, все происходящее — это явления внутри меня. Именно этим я живу и ощущаю это.

Мозг, информация, память

Ученые говорят, что мозг может обрабатывать четыре миллиарда бит информации в секунду, а через сознание проходит лишь ничтожная часть из них. Что происходит с остальными битами?

В качестве людей, а не каббалистов, мы реализуем свои решимот, что называется, поневоле. Во мне раз за разом пробуждаются решимот, и я реагирую на них согласно требованиям окружения, полученному воспитанию, благодаря воспоминаниям, способности к преодолению и т.д. Все призвано к тому, чтобы провести человека через различные чувства и реакции, обусловленные ощущениями неживой, растительной и животной стадии — вплоть до «говорящего» уровня, на котором человек начинает стремиться к духовному.

Если мы говорим о тех людях, у которых еще нет точки в сердце, то они просто проживают свою жизнь. Им надо накопить впечатления о том, как они жили, страдали, радовались и т.д. Позже мы увидим, для чего им это нужно. Речь идет о подготовительном периоде, в течение которого эти впечатления должны прокатиться по желанию наслаждений, чтобы люди, исходя из своего желания, ощутили процесс реализации решимот.

Прежде всего от человека, проводящего подобным образом свою жизнь, требовать нечего. Кроме того, не следует предъявлять ему никаких претензий. Само по себе желание наслаждаться ни на что не способно. Чем оно занимается в жизни? Проходит через собственные реакции и впечатления, чтобы собрать их к нужному времени. Оно ведет себя так, как и свойственно желанию наслаждаться, и делать с ним нечего.

Теперь, что касается большого количества информации, которая проходит через мозг и обрабатывается им. На самом деле мы ее не обрабатываем. Все впечатления остаются и формируют в нас следующие состояния. Ученые же берут в расчет лишь ту информацию, которая находится в «оперативной» памяти человека. Такую информацию человек может сознательно помнить, он может обращаться к ней, извлекать ее и пользоваться ею, в то время как остальные данные скрываются мозгом, и ученые не знают, куда они деваются. Потому встает вопрос: где же это все? Так вот, эти данные все равно остаются в мозге. В мире ничего не пропадает бесследно. Слово «пропадает» неуместно в том числе и в научном понимании.

Вопрос: По словам ученых, мозг обрабатывает большое количество информации, однако сознательно мы воспринимаем лишь малую ее часть. Почему это так?

Потому что для продвижения нам не нужно большего. Все это зависит от решимот, все управляется ими и светом. Мы можем ускорять развитие и идти благим путем, если только прогрессируем и хотим сами участвовать в процессе, или же развитие идет иначе. В любом случае нет иных факторов кроме света и решимо. Если же какие-либо данные пропадают из поля зрения, это происходит потому, что они не требуются для раскрытия следующей ступени, следующего состояния, для реализации следующего решимо.

Позже все эти вещи претерпевают развитие. Иногда мы замечаем, что, пройдя многочисленные состояния, внезапно начинаем припоминать какие-то из них. Начинает формироваться новое понимание прожитого, являющееся результатом, итогом пройденного пути. Тогда мы поднимаемся на другую, более высокую ступень сознания. Иными словами, ничто не исчезает.

Почему это так? Существуют программы развития, однако все управляется через решимот. Можно также сказать, что это зависит от корня души человека. У него особое строение, и в этом он связан со всеми остальными душами. Глубже вдаваться в подобные темы невозможно.

Человек живет не сам по себе, ты не можешь взять его как такового и определить, почему с ним происходят те или иные процессы. Кроме того, все, что он постигает, сразу же распределяется на остальные души, поскольку мы связаны между собой в единую систему. Нельзя сказать, что к тебе что-либо перешло, а у меня не осталось — фактор этот все равно наличествует и у меня, и у тебя. Одни и те же данные распространяются всюду. Даже если в Европе делают что-то вне связи с какими-нибудь там эскимосами — все равно эскимосы вследствие этого становятся другими. Соединение так или иначе существует. Пускай, сейчас мы не знаем в точности, как эта информация передается — достигнув Бесконечности, мы там найдем ответ.

Вопрос: Возьмем пример с «кораблем-невидимкой» из фильма, о котором мы говорили в начале. В чем состоит связь между тем, что мы видим, тем, что обрабатываем внутри себя, и тем, что ощущаем? Где находятся воспоминания?

Проблема в том, что ты выстраиваешь свое ви́дение, основываясь на собственном понимании происходящего. Неправильно будет сказать, что, заметив на водной глади странные волны, вызванные большим кораблем, индеец вообразит себе этот корабль. Неверно также и то, что ты можешь рассказать ему о корабле, и благодаря этому индеец его себе представит.

Не может такого быть, чтобы мы с тобой видели одно и то же просто потому, что я рассказываю тебе о своих впечатлениях. В каждом из нас имеются пробуждающиеся решимот, которые соответствуют уровню нашего развития. Они связаны между собой, и мы можем пробудить их, ускорить их выход. Так же, как европейцы влияют на эскимосов, мы можем форсировать процесс возбуждения решимот.

Однако этот позыв должен исходить от самого человека, и тогда картина его реальности сложится соответствующим образом. Ведь каждый соотносится с абстрактным Высшим светом, а не с каким-то материальным образом. Путем обоюдного воздействия, путем взаимоотдачи мы вызываем друг в друге ускоренный выход решимот — ведь мы находимся словно бы в одном «теле». Однако это не значит, что я рассказываю кому-то о своем восприятии.

Не надо думать, что все происходит следующим образом: «Тебе нужно вообразить себе корабль — такой большой дом с парусами», — говорю я кому-то, и он представляет себе в точности то же, что и я. Затем мы поднимаемся на этот корабль, и он уже знает, где должен быть штурвал, а где кубрик. Хотя я ему об этом не говорил, однако его воображение уже рисует правильные картины.

На самом деле эти вещи никогда не стыкуются. На чем строятся суждения ученых? Опять-таки на том, что вне нас существуют некие объекты. В этом состоит основная ошибка всех исследований.

Суть этого принципа в том, что в нас заложены решимот, и всю картину реальности мы прорисовываем внутри себя, Бааль Сулам объясняет это в статье «Вступление к книге Зоар». Такой взгляд уже дает возможность более правильным образом объяснять реальность. Если человек задумается об этом и на мгновение изумится, он тем самым уже изменится, а с ним и другие. В результате это приближает раскрытие и продвигает человечество к более хорошему состоянию.

Что такое материя

Что такое материя? Статична ли она? Прикасаемся ли мы к чему-то, или нет? Существует ли контакт между двумя телами? Если расчленить материю на части, сохраняется ли в ней единая закономерность? Что называется «материей»? Находимся ли мы в пространстве? Можно ли говорить о пустоте снаружи и наполненности внутри?

Материя и различные проявления над ней или подле нее — это формы нашего восприятия. Бааль Сулам объясняет, что есть:

- материя;
- форма, облаченная в материю;
- абстрактная форма;
- суть.

Таковы четыре уровня восприятия, познания. Существуют они или нет? Мы этого сказать не можем. Вопрос об их существовании неуместен. Они существуют в моем ощущении, поскольку мы всегда ведем речь относительно постигающего.

Существует ли форма материи? Существует относительно моих органов чувств, моих инструментов восприятия. Однако абстрактная форма и суть не существуют в моих органах чувств в ясном виде — я лишь «прицениваюсь» к ним в своих ощущениях, а потому не могу работать с ними так же, как с ясными уровнями познания. Реакция моих органов чувств на Бесконечность дает мне четыре этих уровня познания. Любая картина восприятия делится в глубину на материал, облаченную в материал форму, абстрактную форму и суть.

Что такое материя

Материал — это один из видов моего восприятия реальности. Моей реальности, а не реальности вне меня. Бааль Сулам говорит, что материал — это желание наслаждаться, воспринимаемое мною как мое «Я». Однако как я его ощущаю? Я могу ощутить его только в сравнении со светом. Ощущение света приносит мне понимание, основанное на контрасте, на различии двух факторов. Тогда, видя, что представляет собой этот материал, это желание — я постигаю его, а также кроющуюся в нем форму. Я вижу, до какой степени желание наслаждаться способно принимать формы, подобные свету — формы отдачи.

Вопрос: Выходит, что материи нет? Это всего лишь мое восприятие.

Да, один из видов восприятия. Скажем так: единица информации.

Вопрос: Тогда, какова связь между единицами информации и изменениями материала? Если материя — это единица информации, тогда что отличает различные единицы информации друг от друга?

Разные степени авиюта, виды связи между девятью первыми сфирот и малхут. Здесь могут быть тысячи вариаций.

Хотя все вместе мы составляем единое творение относительно высшего света, относительно Творца, однако каждый включает в себя всех. Что это значит? Это значит, что каждый представляет собой собственное «Я» и свое включение во все остальные души. Однако он не просто «раскидал» свои части по остальным душам, словно бы открыв «представительства» за рубежом. Его части во всех остальных душах связаны с этими душами.

Выходит, что человек включает в себя всех, ведь при исправлении он привлекает к себе свойства всех душ, именно за счет того, что все его части в этих душах соединены с ними. Примером тому может послужить взаимное наложение световых волн друг на друга в голографическом изображении. Таким образом, каждый из нас является особым кли, которое создал Творец. Каждый из нас единственен, а потому в нас заложено очень-очень сложное желание, всеобъемлющее, содержащее множество деталей восприятия и переменных значений.

Каким я воспринимаю мир

Человек постоянно находится в контакте с Высшим светом — не важно, в этом ли мире или в мире духовном. Вопрос лишь в том, насколько возбуждается эта связь со стороны самого человека. Высший свет, освещающий все желания, пробуждает в человеке ощущение, которое называется его картиной мира. Это ощущение у человека все время меняется в зависимости от его собственного настоящего решимо и от реакции на всевозможные решимот других душ, которые в него включены. В итоге картине жизни, которую ощущает человек, присуща постоянная динамика.

Есть ли контакт между материалами? Притрагиваюсь ли я сейчас к стакану, или нет? Может быть, я лишь воображаю, что притрагиваюсь к нему? Это касание и есть тот уровень реальности, который я воспринимаю? Ведь все это происходит внутри меня.

Не существует ни «меня», ни «его». Просто в таком виде я сейчас воспринимаю мир. Когда я притрагиваюсь к чему-то материальному, когда работаю с чем-либо — это лишь то, что представляется в моем сознании, в мозге. Да и сам мозг лишь как будто бы существует, подобно вообще всему остальному.

Что же означает «притронуться к стакану»? Существует ли этот стакан по отношению ко мне? Находится ли он передо мной? Стоит ли на столе? Протягиваю ли я к нему руку? Кстати, есть ли у меня рука? Короче говоря, каким я воспринимаю мир, таков он и есть. Восприятие всегда обусловлено постигающим, и это решает в целом всю поставленную проблему.

«Я» — это то, что я в данный момент ощущаю. Что значит «ощущение»? Если я чувствую, что у меня есть ноги, то они у меня есть.

Кто такой «Я»

«Я» — это тот, кто ощущает себя таковым. «Существую я или не существую? Я есть или меня нет?» Человек живет тем, что в материале и облаченной в материал форме здраво и достоверно ощущает реальность, присутствуя в ней, как реальный человек, согласно принципу «сужу по тому, что вижу». От этого мы не отступаем. Нам нельзя пускаться во всевозможные фантазии, поскольку там у нас нет никакой основы. Пускай даже я могу вообразить себе те или иные абстрактные формы, однако при этом я уже не понимаю, куда двигаюсь.

Вопрос: Какая частица во мне сообщает мне такую картину восприятия — решимо?

Разумеется, решимо обрисовывает для меня все. Причем не одно решимо, речь идет о решимот всех душ вместе — относительно меня, относительно моего основного решимо. В этом участвуют не только души, но также неживой, растительный и животный уровни во всех возможных сочетаниях, и все это подвержено изменениям. Только на неживом, растительном и животном уровнях решимот проявляются без рациональной, толковой, логичной и целенаправленной реакции, в то время как у человека, начиная с определенного момента развития, это происходит именно так.

Вопрос: Где расположено это решимо?

Это решимо находится внутри желания наслаждаться.

Вопрос: Где находится желание?

Вопрос некорректен, ведь, кроме этого, желания нет ничего. Это сила в чистом виде, и существует лишь она —

сила желания наслаждаться. Кроме нее есть только решимот от взаимодействий этой силы со светом, который ее наполняет и который ее создал.

Свобода выбора

Из каких возможностей и на основании чего человек выбирает? Выбирать — значит видеть будущее и точно знать, что из этого выйдет. К примеру, я вижу, что в одном случае выигрываю тысячу, а в другом — сотню, и тогда, само собой, мне стоит выбрать тысячу.

Из общей картины человек выбирает то, что ближе его эго, то, чем он может воспользоваться с большей эффективностью. Мы всегда подмечаем наиболее важные и бросающиеся нам в глаза вещи. Что же представляет для меня важность? Желание наслаждаться в текущем состоянии указывает на то, что важно мне сейчас, а в следующем состоянии укажет на что-нибудь другое.

Вопрос: Если бы наш выбор всегда был хорош, то и жили бы мы хорошо. Однако мы видим, что на деле ситуация иная. Значит, выбор наш неверен?

Мы ничего не выбираем.

Вопрос: Тогда, что такое свобода выбора?

Если речь идет об обычном человеке, то ему выбирать нечего. В определенном желании наслаждаться, в определенном окружении, внутри общей совокупности обстоятельств у человека пробуждается решимо, и он его реализует. Как мы уже сказали, человек всего лишь переживает всевозможным впечатлениям своей жизни.

Затем человек начинает понимать, что является куклой, марионеткой, и что у него есть возможность изменить свою судьбу, вместо того чтобы страдать. В этом смысле у него есть свобода выбора: он выбирает окружение, которое будет на него воздействовать.

В конечном итоге, какова роль окружения? Окружение каждый раз помогает человеку реализовать то же самое решимо в том же самом направлении и перейти из одного заданного состояния в другое по все той же цепочке, по ступеням все той же лестницы — только благодаря собственной воле, а не против желания.

Человек может желать всего, кроме правильного продвижения в верном направлении — ведь он эгоист. Он просто слеп, и, вращаясь на 360 градусов, никогда не увидит того единственного направления, того прохода, который ведет к верному продвижению. Этого человек не увидит. Его желание наслаждаться не позволяет замечать этого.

Человек расширит свой кругозор до 359 градусов и будет вращаться вокруг собственной оси, выбирая то одно, то другое из обнаружившихся направлений, однако не заметит того единственного градуса, того сектора, который позволяет осуществить выход из этого мира. Человек слеп и не может увидеть его в своем стремлении наслаждаться, поскольку речь тут идет о желании отдавать. Человек не способен увидеть, что желание отдавать существует и дает ему возможность спастись.

Вот почему свободный выбор зависит не от человека, а от окружения, которое пробуждает его и создает правильное соединение. Тогда под воздействием Высшего света человек приходит к состоянию ло лишма[1], а затем к лишма[2]. Это революционные состояния, находящиеся выше природы. Человек не прозревает, но хочет прозреть, достигая к этому стопроцентного желания, и тогда происходит переворот: «трудился и нашел».

Собственными силами, без группы, без методики человек не может совершить прорыв в духовное измерение. Поэтому он выбирает лишь вспомогательные факторы, побочные средства — и это называется свободным выбором. «Свободным» — потому что при этом человек, бе-

---
[1] Ло лишма — не во имя Творца.
[2] Лишма — во имя Творца.

зусловно, может свободно прилагать все новые усилия по объединению себя со всеми теми факторами, которые наиболее эффективным образом приводят его к состоянию «ло лишма».

Вопрос: Окружение — это следствие моего текущего решимо?

Окружение — это то, что ты воображаешь существующим вокруг себя, согласно пробуждающимся в тебе решимот. Теперь ты должен выбрать, каким представлять себе окружение и себя самого в бесконечном состоянии. В таком случае, разумеется, окружение не существует вне тебя — ты выстраиваешь все в своем воображении.

Вопрос: Однако мое ви́дение окружения также является результатом текущего решимо, над которым я не властен.

Ты, вероятно, хочешь сказать, что все заложено внутри решимо, включая свободный выбор, посредством которого ты можешь в той или иной форме представлять себе окружение и собственное действие. Ты ждешь, чтобы тебе раскрыли, где на самом деле лежит свободная возможность независимого усилия? Ее нет. Однако ведь в твоем воображении она существует?

Да.

После всех проверок, всесторонне проанализировав ситуацию, ты обязан признать, что относительно окружения у тебя есть свободный выбор, и что ты осуществляешь его. Можно, конечно, сказать себе: «Нет, это не свободный выбор. Откуда свобода, если и здесь решимо обуславливает то, как я представляю себе ситуацию и в каком направлении двигаюсь». Верно, но ты обязан вообразить себе ситуацию согласно принципу «Если не я — себе, то кто — мне?» и представить, что выбор зависит от тебя. Затем, ты сам уже обязан связать это с Творцом и сказать: «Нет иного, кроме Него».

Вопрос: Значит, в реальности нет?
Нет.

Вопрос: А в ощущении есть?
Мы должны жить этим дуализмом. Что означает дуализм? Это «ножницы», разрыв между моим состоянием и состоянием Бесконечности, где дуализма нет.

Два подхода: «если не я — себе, то кто — мне?» и «нет иного, кроме Него»

Все абсолютно предопределено и проходит через нас, через нашу чувственную и рациональную систему, чтобы мы извлекли оттуда знания и накопили опыт, пока этот опыт не приведет нас к такому состоянию, в котором мы будем готовы принять на себя более продвинутые формы.

Что означает «более продвинутые формы»? Другие качества. Это значит, что решения принимаются человеком не по соображениям обычной целесообразности, а из соединения с внешним дефицитом, потребностью и принятием ее в расчет.

Тогда человек начинает ощущать свою связь с остальными душами. Он воспринимает людей не как физические тела, для него этот контакт становится понятием внутренним, и таким образом в нем выстраивается изображение системы, с которой он связан. Он видит всю эту систему своим внутренним зрением, и, исходя из этого, начинает жить и принимать решения.

Это подобно тому, как мать инстинктивно чувствует, воспринимает всех своих детей, каждый из которых действительно врезался в ее сердце и для каждого у нее есть место. Она не может думать, устраивать свою жизнь, не принимая во внимание всех своих детей.

Исходя из этого, человек начинает получать другие впечатления. В нем происходит внутреннее разделение на свое текущее состояние и следующее, называемое АХАП Высшего. Тогда он выбирает состояние большего приближения к АХАПу Высшего. Хотя и в этом случае он обязан верить, что выбирает сам, как сказано: «если не я — себе, то кто — мне?». Но, в сущности, все определяется свыше — «нет иного, кроме Него». Нет у человека бесконечного числа возможностей, и нет выбора между ними.

Когда в своей повседневной жизни мы производим какие-либо расчеты, наши внутренние силы обучают нас определять правильность этих расчетов в соответствии с теми или иными параметрами. Из этого складывается наше знание, наши впечатления от прошлого, и таким образом мы получаем информацию для продвижения.

Каждое мгновение я рассчитываю, что наиболее полезно для меня, исходя из всех имеющихся во мне данных. Понятие свободы выбора у нас совершенно неправильное, искаженное. Свобода выбора заключается именно в том, что утром мы должны идти верой выше знания и говорить, что все совершаю я, вопреки своему знанию о том, что все в руках Творца, а вечером сказать, что действительно все — дело рук Творца, хотя мне кажется, что работал и совершал все это я.

Только в усилиях удержаться в таком подходе заключается вся свобода выбора человека. Тем самым человек поднимает себя из своей сиюминутной природы — к более высокой, духовной природе, где два этих подхода соединяются вместе, потому что там человек и Творец — едины.

Поэтому каждый раз, когда человек старается подобным образом соединить два этих полярных подхода, которые у него не «стыкуются», он, словно втаскивает себя за волосы на более высокую ступень. В этом — вся свобода выбора. Бааль Сулам пишет об этом в письме книги «Плоды мудрости» на странице 25.

У каббалистов и ученых существует множество расхождений по вопросу свободы выбора, возможности исследований и так далее. Может быть, последние уверены в том, что наука способна разрешить все проблемы... Однако каббалисты считают, что исследование высшей реальности может осуществляться только изнутри человека, изменяющего себя в подобии этой реальности.

Вопрос: Существует такая научная теория, согласно которой человек встает утром и выбирает, каким будет для него этот день, и на этом основано множество семинаров по психологии.

Это правильно, потому что тем самым человек программирует себя и действительно приучается, культивирует в себе такое отношение к жизни. С точки зрения психологии, это верно.

Вопреки тому, что в человеке будут раскрываться всевозможные решимот, он уже продвигается и утверждает, что каким бы ни было все происходящее, он примет его должным образом, что ему стоит так поступать.

Ты спрашиваешь, создает ли человек своим свободным выбором иную внутреннюю реальность, чем та, что была прежде?

Я бы не сказал, что в этой теории есть что-то особенное, потому что каждый из нас изначально, желая того или не желая, встает утром «с какой-то ноги» и с каким-то предварительным отношением к жизни, работает, проживает день, кто-нибудь портит ему его или помогает, и так далее.

Тебе кажется, что ты что-то планируешь — это не важно. Ты в любом случае проходишь через все это. Программа твоих действий — занятия спортом или чем-то другим, визит к психологу — не изменяют общей картины. Ты в итоге находишься в той же реальности, определяемой твоим решимо.

Решимо вводит тебя в такую жизнь, и создает в тебе все эти решения — посетить психолога или заниматься утром медитацией. Ты не выбирал все это, и не строишь тем самым другую реальность. Это — некий тренинг, которым в большей или меньшей степени все мы занимаемся, желая или не желая, — пьем кофе, разговариваем по телефону, каждый делает что-то свое.

Время — это кадры ощущений, впечатлений

Квантовая механика не различает между перемещением назад или вперед по оси времени. Ученые пробуют доказать, что человек, извлекая некое воспоминание из своей памяти, реагирует на него так же, как человек, который получает впечатление от этого в настоящем.

Открытие ученых как раз служит нам на пользу. Это говорит о том, что времени не существует. Время — это количество форм или ощущений, проходимых человеком, — кадры его ощущений, впечатлений.

Раскрывающееся относительно света решимо создает некую форму, картину, некоторое ощущение, затем следующее решимо и свет создают другую картину. Ощущение изменения от реализации одного решимо до реализации другого создает во мне ощущение движения (движения, а не времени!). Будто бы я нахожусь в состоянии движения, в неком течении — или мой мир движется, или я — внутри этого бесконечного света, пребывающего в абсолютном покое, — это не важно, но что-то движется. Это определение понятия «движение».

Время — это количество действий, по мере их приближенности друг к другу во мне возникает ощущение времени. Что значит: «по мере их приближенности друг к другу»? — В какой степени мне удается (не важно, зависит это от меня или нет) классифицировать связанные друг с другом изменения в порядке причины и следствия. То есть скорость приходящих и сменяющих друг друга картин создает во мне ощущение времени.

Можно спросить, какой должна быть эта скорость, сколько картин в секунду? Получается, что это — также время, якобы не зависящее от меня? Однако это не так. Если я ощущаю движение, в котором нахожусь, то это —

перемена. Если я ощущаю изменения, происходящие с большей скоростью, когда причина и следствие примыкают друг к другу, это создает во мне ощущение времени, я не просто констатирую изменения, а чувствую время.

Это говорит о том, что на самом деле ощущение движения и ощущение времени — почти одно и то же, отличается только впечатление, подобно функции и производной от нее.

Вопрос: Что является функцией и что — производной?

Функция — это движение, а производная от нее — это время, когда ты принимаешь в расчет не изменения, а разницу между ощущениями.

Куда мы движемся

Наши решимот ведут нас от наинизшей ступени к самой высокой, только в одном направлении, как написано: «Поднимают в святости, и не опускают». Поэтому все движется только в одном направлении — внутри течения решимот, реализующихся в нас.

Сначала мы проходим этот путь неосознанно — до пробуждения точки в сердце, затем — относительно сознательно, в так называемом двойном и простом скрытии. После этого — осознанно — в «вознаграждении и наказании», в таких отношениях с Творцом, с Высшей Силой, когда нам кажется, что по мере изменений наших свойств меняются и наши отношения с Ним.

Когда же во всех отношениях с Ним, в каждом желании, исправленном намерением ради отдачи, я раскрываю исходящую от Него любовь, то обнаруживаю, что Он любит меня. Раскрывая, что Творец любит меня, я уже достигаю другого Управления, называемого Управлением любовью, в результате чего я начинаю развивать по отношению к Творцу любовь, отдачу, получать от Него, тем самым отвечая Ему.

Я раскрываю Его любовь, предположим, в моем наслаждении от конфеты, и тогда я съедаю конфету, понимая, что тем самым доставляю наслаждение Ему. Затем я раскрываю Его любовь в другом действии, совершая которое, то есть получая что-то, я могу ответить Ему, доставить Ему наслаждение. Сначала я обязан раскрыть Его любовь в каждом своем действии, в каждом получении наслаждения от Него, и тогда я буду получать его в полной уверенности, что Он наслаждается при этом.

Мы постоянно движемся к достижению бесконечной встречи с Ним.

Может ли каббалист перемещаться в прошлое

У нас нет никакой необходимости возвращаться в прошлое, потому что прошлое — это ступени, уже пройденные нами, присутствующие в нас. Если существует большая необходимость спуститься обратно на эти ступени, то мы делаем это. Например, в том случае, если каббалист обязан совершить какое-либо действие ради остальных душ, выполнить некоторую возложенную на него задачу, но не проделать свою внутреннюю работу, потому что внутри души я желаю двигаться только ради достижения точки слияния с Творцом.

Позади находятся худшие состояния, в которые мне нет смысла возвращаться. Они уже существуют во мне, в моем АХАП. Я собираю их в себе, словно качу «снежный ком», и на каждой моей настоящей ступени присутствуют все уже пройденные мной ступени, поддерживая текущее состояние своим прошлым опытом, впечатлениями, усилиями и всем прочим.

Если каждая ступень продвигает меня к большей отдаче, для чего мне возвращаться к меньшей? Это неестественно! Если я начну спускаться, это не будет называться нахождением в духовном. Такое возможно, только если я совершаю некоторое действие в целях большей отдачи в рамках каких-либо особых систем в интересах творений.

Поэтому человек не может пожелать вернуться назад, если знает, что весь процесс его развития осуществляется ради лучшего будущего. Нет возврата в прошлое. Безусловно, прошлое существует. Поскольку все пройденные мной ступени находятся во мне, я могу пробудить в себе любую из них. Предположим, я должен совершить действие отдачи по отношению к какой-то покинутой, маленькой душе. Тогда я спускаюсь на ее ступень, делаю на себе так называемый «парцуф Сеарот» (парцуф Волос) из решимо, бывшего во мне на той же ступени, на которой находится эта душа, пробуждая это решимо.

Предположим, я нахожусь на 20-й ступени и должен помочь кому-то, пребывающему на 3-й ступени. Тогда я спускаюсь на 3-ю ступень, то есть, находясь на 20-й ступени, пробуждаю решимо своей 3-й ступени, делаю на это решимо зивуг дэ-акаа (ударное взаимодействие экрана со светом), «парцуф Сеарот», и через этот внешний по отношению ко мне «парцуф Сеарот», находящийся на уровне 3-й ступени, я взаимодействую с какой-то внешней душой.

Однако делается это только в целях отдачи, и потому не называется понижением, возвращением в прошлое. Это — то же будущее, то же продвижение. Если не возникает необходимости, то никогда ни одна душа не станет спускаться с той ступени, которой достигла.

Что представляет собой наша память

Памяти нет. Если, согласно решимо, обязано пробудиться какое-то воспоминание, связанное со всевозможными предыдущими состояниями, то оно пробуждается, будто бы вспоминается нами, поскольку между всеми проходимыми нами эпизодами, кадрами состояний существует связь, при которой в том или ином сочетании строятся следующие кадры.

Это происходит не так, будто я просто извлекаю что-то одно из памяти, вспоминаю, а о чем-то другом забываю. Это работает по-другому. Все действует в очень предопределенной, достоверной, гарантированной форме, и человек продвигается только на основе того, что в нем пробуждается и включается в работу. Короче говоря, нами руководят свыше.

Если человек сейчас должен что-то вспомнить, так как способен вспоминать предыдущие состояния, то эти предыдущие состояния в данный момент пробуждаются в нем. Однако его об этом не спрашивают, просто этого требует реализация текущего решимо.

Человек прошел все эти состояния, они существуют в нем, и ничто не исчезает. Ничто не исчезает!

Внутри желания пробуждается решимо, реализуется относительно света и дает человеку некоторую оценку того, что с ним происходит, в мере его понимания или непонимания, независимо от его уровня, от того, кто он такой, и что собой представляет.

Вслед за этим приходит следующее решимо. В той мере, в которой оно обязано использовать предыдущее решимо, оно его использует, потому что существует связь между решимот — в ивритском алфавите они обозначаются как «тагин», коронки над буквами (келим, решимот от исхода света). Все это существует, человек может не знать об этом, но связь между ними есть.

Через какое-то время воспоминания гаснут, исчезают, затем снова могут пробудиться. В чем же заключается разница? Пришло какое-то решимо, реализовалось, затем появляется следующее решимо, реализуется. Предыдущее решимо истончается, то есть исчезает из прямого действия, не ощущается в кли в данный момент. Оно или ощущается как тагин над буквами, или даже это ощущение отдаляется.

Но у человека остается:
- решимо после реализации состояния;
- приход следующего решимо и начало его реализации.

Вся эта цепочка существует: к решимот, вступающим в действие и выходящим из него, присоединяются впечатления, вызванные реализацией всех предыдущих решимот. Все они так же остаются в человеке, и это — самое главное. Эти впечатления постоянно накапливаются.

Предположим, ты находишься на определенной ступени и должен сейчас совершить некоторое действие, связанное с уровнем Нецах. Все, что ты совершал, находясь на уровне Нецах во всевозможных состояниях, как раз связано с тем, что ты должен совершить сейчас, и поддерживают тебя в этом.

Однако это не значит, что ты выбираешь. Все действие производится, исходя из строения системы и связей внутри нее. Поэтому нет такого, что ты идешь и выбираешь, какую картину нужно извлечь из памяти. Это — выше тебя. Мы не знаем, почему нам вдруг вспоминается что-то.

Я прохожу мимо какого-то прилавка на улице, и вдруг некий запах напоминает мне о состоянии, в котором я находился 30 лет назад в Ленинграде. Какая существует связь между тем состоянием и настоящим? Для чего и почему я вдруг вспомнил об этом? Что дает мне это мгновенное воспоминание? Я не знаю. Несомненно, ничего лишнего в мире нет. Все эти воспоминания соединяются, и что-то строят во мне.

Существует ли коллективная память

Безусловно, память — всегда коллективная, только относительно нас это либо выясняется, либо не выясняется. Если я связан с остальными душами, то приобретаемое мной они тоже приобретают. Все это соединено очень короткой, простой, прямой связью, и все, что есть в остальных душах, есть так же и у меня как в одном организме. Не может быть по-другому.

Вопрос в том, насколько осознанно или неосознанно я действую относительно этого организма. Тогда в соответствии с моим уровнем во мне пробуждаются более или менее коллективные воспоминания, возможности или постижения. Если я поднимаюсь на такой уровень, что сообразуюсь с другими, работаю вместе с ними, объединяюсь с ними и принимаю их как свое кли, то, безусловно, использую все имеющееся у них. Я проделываю это автоматически, потому что отношусь к ним таким образом.

Вопрос: Почему с кем-то я связан более близкой связью, и у нас есть больше общих воспоминаний, и есть те, кто находится дальше от меня?

Это зависит от того, к какой системе в душе Адама Ришон я отношусь. Безусловно, есть души, более связанные со мной, и есть более далекие. Когда я перехожу от одних состояний к другим, я соединяюсь с одними больше, с другими меньше, но мы не учитываем данные обстоятельства, потому что это невозможно.

Вопрос: Мы не понимаем этого?

Нет! Для этого нужно находиться уже на уровне общей души, включающем всю систему, и тогда ты увидишь, как это работает. Однако на таком уровне тебе уже не нужно знать это, потому что ты уже обрел всю систему, и вся она действует в тебе как одно кли в соединении с Творцом.

Ты никогда не можешь увидеть то, над чем не способен властвовать. Все раскрывается в соответствии с возможностью правильного действия.

Вопрос: Что значит «властвовать»?

Все, что раскрывается тебе, раскрывается в твоем желании наслаждаться. Властвовать означает, что ты можешь контролировать свое желание наслаждаться намерением ради отдачи, — и тогда духовное раскрывается. Если же ты еще не способен на это, то оно не раскрывается.

Духовное не раскрывает тебе ничего, в чем ты можешь потерпеть неудачу. Достаточно одной неудачи у Адама Ришон. То, что нам кажется неудачами, какими-то страшными ошибками, связано с той же общей системой, обязанной таким образом ощутить в себе наличие некоторой болезни на определенном уровне для того, чтобы снова еще больше продвинуться по пути к своему выздоровлению. Нет спуска и нет падения. Если и есть, то только относительно человека, ощущающего это как добавку желания.

Под «нет падения» подразумевается, что ты никогда не будешь находиться на уровне меньшей отдачи, чем находишься сегодня. Если же все-таки попадешь в такое состояние, то только на мгновение — для того, чтобы приобрести новое желание — и вновь подняться.

Наши мысли

Что представляют собой наши мысли? Из чего они созданы? Что влияет на них? От чего они зависят? Можем ли мы изменить наши мысли? Изменяем ли мы что-нибудь посредством наших мыслей? В какой форме это меняется?

Безусловно, человек может воздействовать своим желанием на окружающую его реальность. Мы не касаемся здесь свободы выбора, потому что, несомненно, в этом ее тоже нет, как нет и в принятии решения пойти и воздействовать коллективной молитвой или общей медитацией на снижение уровня преступности. Мы не говорим со ступени, находящейся выше человека. Мы обсуждаем действия людей, а не то, как их желания поднимаются вверх, и к какому результату это приводит.

Конечно, если люди действуют ради некой единой цели — не важно, хорошей или плохой, то это приводит в действие много сил, поскольку в конечном итоге они используют существующую систему, где все они связаны вместе. Если они объединяются вместе в единой мысли, может быть, наихудшей, — не важно, то, используя существующую систему, они пробуждают огромные силы, даже на уровне «человек».

Не просто так написано: «Объединение грешников — плохо и для них, и для мира», «объединение праведников — хорошо и для них, и для мира». Очевидно, что это так.

Как избавиться от нежелательных мыслей

Мысль изменяет реальность, поскольку мысль — это желание. Я желаю, чтобы реальность была той или иной. Я как бы управляю своим будущим, я желаю, чтобы это таким образом материализовалось, чтобы моя следующая ступень, следующее состояние реализовалось именно так, а не иначе. Наши желания действуют. Наши желания — это намерения, и не важно, относительно Творца или относительно нас самих.

У тебя появляется какая-то мысль и не дает тебе покоя, потому что ты должен преодолеть некоторую помеху. Ты обязан пройти через это впечатление и состояние, а затем найти способ преодолеть его. Каким образом в конечном итоге человек может это преодолеть? Он обязан найти нечто более важное, чем эта мысль, и тогда он освобождается от нее. Человек не может уничтожить мысль, избавиться от нее, он может только вместо этой мысли, вместо этой страсти найти себе более сильную страсть. Тогда значение предыдущей страсти исчезнет само по себе. Она уже не будет иметь значения.

Причина возникновения наркотической зависимости

Сначала ты не испытываешь наслаждения, например, от курения, ты должен убедить себя в том, что это хорошо. Ты должен работать не ради прямого наслаждения, находящегося в самом материале, а ради другого связанного с ним наслаждения. Допустим, нечто дает тебе возможность принадлежать к определенному обществу, тебе говорят: «Ты — такой, как мы» — это вызывает ощущение гордости, затем ты привыкаешь. Это значит, что ты строишь в себе новые келим, желания, которые вынуждают тебя использовать их.

Что происходит, когда они заставляют тебя использовать их? Каждое желание, построенное тобой и находящееся в тебе, продолжает развиваться дальше с помощью общего света, развивающего все желания. Получается, что даже если ты построил маленькое желание, под действием света это желание постоянно обновляется, в нем образуются свои решимот, свои требования, которые ты обязан наполнять. Все наши искусственные желания, имеют такой вид, когда ты снизу благодаря искусственному недостатку пробуждаешь к нему определенный свет и подключаешь его к желанию.

Ты должен представить себе желание, которого у тебя еще нет, и с помощью действий, которые называются привычкой, привлекать к нему свет до тех пор, пока между ними не возникнет связь, и эта модель не начнет функционировать как естественное желание.

Вопрос: Что можно сказать о биохимических связях, которыми обусловлена зависимость?

Это облачение духовных явлений в материю. Это могут быть биохимические, электрические связи или продукты работы гипоталамуса, это все техника, благодаря которой это раскрывается нам.

Почему данный механизм работает таким образом? Чтобы понять это, мы должны знать, как действует высшая система, поскольку все наши биохимические, электрические и прочие структуры представляют собой отпечаток в материи этих духовных систем. Совокупность духовных сил, взаимодействующих между собой, подобным образом отпечатывается и трансформируется в материю нашего мозга.

Однако даже ученые говорят о том, что эти действия — не главное. Основное — это дух, который стоит за этими действиями, активизирует их, и которого мы не можем касаться. Все остальное — лишь внешние явления. Побудительные причины действий ученые как раз могут раскрыть, а силу, стоящую за ними, не могут.

Почему именно через науку человек может прийти к каббале

Основой действительности является желание наполнить себя, называемое желанием насладиться. Это желание развивается не столько на неживом, растительном и животном уровнях, сколько на уровне человек (говорящий), до тех пор, пока не достигает наибольшего желания, называемого жаждой знаний.

Вслед за этим в процессе накопления знаний человек приходит к состоянию, когда начинает искать ответ на вопрос, откуда возникла жизнь, как она регулируется и управляется. То есть наука приводит человека к поиску источника этой действительности. Процесс поиска причин возникновения мироздания заводит человека в тупик. У него иссякают средства для раскрытия источника жизни, реальности. Он представляет себе это каким-либо образом, но не ощущает и не может исследовать. Постижения ускользают.

Тогда человек может продвигаться в двух направлениях:
- первое — продолжать в меру своих возможностей и способностей, всеми силами и средствами пробивать эту стену (которая, по сути, не является стеной, а представляет собой нечто ускользающее из его восприятия и осознания), пока не дойдет путем страданий до отчаяния из-за невозможности постичь то, что находится за пределами материи;
- второе — прежде, чем дойти до состояния отчаяния, он может услышать то, что ему говорит наука каббала.

То есть он: или, ощутив отчаяние, дойдет до состояния, в котором услышит, или услышит прежде, чем дойдет до отчаяния. Во втором случае человек сберегает себя от страданий самостоятельного постижения того, что происходит в действительности и услышит, что ему говорит каббала. Я бы сказал, что в этом больше везения, чем здравого смысла.

Невозможно доказать человеку, что каббала — это подлинная наука, истинная мудрость, потому что он не может ощутить это. Поскольку у больших ученых есть некоторые примеры, подтверждающие, что духовное — это чистая отдача, любовь к ближнему, и что качество людей измеряется их внутренней сутью, то на основе всего этого с ними можно говорить, так как каббала говорит о том же.

Однако может возникнуть возражение, что не только каббала, но и буддизм, и индуизм и другие религии говорят о том же самом. Поэтому можно сказать иначе — каббала не просто говорит об этом, каббала не предназначена для рассуждений, каббала призвана построить в человеке новые келим, с помощью которых он может выйти за пределы нашей реальности и продолжать думать и ощущать уже за пределами реальности. На это утверждение тоже можно сказать: «Возможно, вы правы, но нам нужны доказательства».

Я не думаю, что надо много говорить на эту тему. Одно вытекает из другого. Поэтому следует выявить существующую в предмете обсуждения логику, изучить четыре стадии развития прямого света, возникновение пяти миров, сочетание всей данной системы с нашим миром и связь с древней мудростью, являющейся основой всех религий.

В конце концов, невозможно распахнуть небеса и показать людям, находящимся в эгоистических ощущениях то, что происходит в альтруистическом измерении. Это возможно только в мере приобретения соответствующих келим.

Все наше восприятие в эгоистическом измерении происходит относительно эгоистических келим и тем, что мы в них воспринимаем. В альтруистическом же измерении — относительно альтруистических келим и тем, что они воспринимают. Вне нас нет ни эгоистического, ни альтруистического, это наши келим, относительно нас, в нашем восприятии, разделяют действительность на основе эгоистического или альтруистического принципа.

Ученые немедленно выразят сомнение, но они и сами привыкли к сомнениям. Так же, как они настороженно воспринимают любую другую методику, пусть так же отнесутся к нам. Доказательства возможны на нескольких уровнях: на логическом — на уровне математических выкладок, полученных опытным путем, или основанные на мнении большинства. Вопрос, что является доказательством? В этом случае мы подходим к выяснению, что для нас является истиной, как мы ее воспринимаем, каковы границы и возможности ее анализа. Ощущение не является доказательством.

У нас есть ответы, но проблема в том, что мы ограничены в способах передачи информации, выражения. Мы ищем слова и средства для выражения того, что находится за пределами нашей действительности. Как выразить эти понятия в таких формах и образах, которые были бы наиболее правильно восприняты людьми? Даже не наиболее правильно, а с максимальной пользой, чтобы привлечь их к проникновению в эту действительность.

Я всегда использую случай поговорить с любым ученым, я проверяю все возможности, до последнего слова, до самого конца. Творец дает мне возможность учиться на этих примерах, и я не упускаю их и не пренебрегаю ими.

Ученые так близко подошли к нашей науке, что мы надеемся и ожидаем конструктивного диалога.

Вопрос: Ученым потребуются доказательства, сравнительный анализ с другими теориями и т.д. Мы же должны сказать, что им потребуются другие келим?

Именно! Ведь они и сами говорят, что духовное находится вне наших органов чувств, за пределами человеческого восприятия. Конечно же, для его исследования нам требуются другие келим! Для них это не секрет. Мы лишь пытаемся убедить, что если они хотят их получить, мы знаем, как это сделать.

Те, кто не хочет их получить, а требуют доказательств, это, что называется, их проблема. Пройдет какое-то время, и страдания вынудят ученых искать способ получения других келим. У них просто не будет выбора. Сегодня они могут нас слушать, а могут — и не слушать. Прежде чем купить, они хотят увидеть то, что покупают. Однако речь ведь идет о новых органах ощущений! Находясь в этом мире, невозможно предугадать, что ожидает тебя в духовном.

С другой стороны, можно привести логические доказательства. Когда каббалист рассказывает о своем восприятии, слушатель соответственно своему восприятию может предположить, что рассказанное — правда. Ведь знания каббалиста основаны не на том, что он ученый, а на том, что он находится в духовном мире и ощущает его. Разве это не доказательство?!

Сегодня ученые много дискутируют по поводу восприятия действительности, о том, существует она или нет. Каббала рассказывает им о ней с другой стороны, на гораздо более глубоком уровне. Знания эти получены не с помощью физики. Об этом было написано тысячи лет назад, когда еще и о существовании самого атома не знали! Ученым и сегодня неясно, почему элементарные частицы обладают свойствами частицы и волны одновременно, а в каббале это давно описано.

Так что проблема не в доказательствах, выложенных на стол. Ученым тоже нечего выложить на стол. Вопрос в том, есть ли у них выдержка и терпение, желание начать слушать или нет. Информация, имеющаяся в наших статьях, дает им возможность еще немного продвинуться в своих предположениях о том, что происходит по ту сторону материи. Большего они получить не могут. Такой возможности просто не существует. Каббала не может спуститься ниже, а ученые не знают, как подняться выше. Однако, действуя совместно, можно приблизиться к той тонкой границе, отделяющей этот мир от духовного.

Разумеется, без Высшей Силы, которая изменяет природу человека, этот рубеж невозможно преодолеть, но и ученым станет абсолютно ясно, что полученный результат послужит твердым доказательством для всех. Сосредоточившись на правильно выбранной точке отсчета, можно облегчить путь всем.

Почему именно через науку человек может прийти к каббале? Видимо, с ее помощью он обнаруживает для себя то маленькое отверстие, которое ведет на «другую сторону». Он не может проникнуть туда со своей природой. Однако, получив доказательства в результате приготовлений с обеих сторон: классической науки и науки каббала, ему останется совсем немного. Ведь недаром сказано, что одно вытекает из другого: «Семь наук исходят из каббалы».

Все его расчеты (опыта у него еще нет) покажут, что может ему навредить и насколько опасно совать руку в огонь. Методика продвижения верой выше знания будет принята человеком, и предоставит неопровержимые доказательства того, что материя существует в иной форме, и мы обязаны достичь этого состояния. Именно наличие разума ученого позволит ему продвигаться выше разума. Вместо страданий он самостоятельно получит доказательства того, что необходимо обрести намерение ради отдачи.

Ученые еще не пришли к подобному подходу, но они уже восприняли мысль о том, что такова форма духовного существования. Им еще не хватает доказательств, возможно, компоновки деталей, осознания необходимости и невозможности иного существования, чтобы прийти к выводу о том, что эта форма — единственно правильная. Как раньше из науки каббала «вышли семь наук», так сейчас эти «семь наук» соединятся и приведут ученых к каббале.

Вопрос в том, почему после погони за различными видами наслаждений, эго остановилось на науке? Видимо, разочарование, полученное через науку, является наибольшим. Кроме того, в науке кроются доказательства того, что можно выйти из эго.

Как привести мир в равновесное состояние

Если в мире воцарится любовь, то это будет благом для всех, но для этого нужно уподобиться Творцу, Высшей Силе, или Высшему разуму — как Его назвать, не важно. Необходимость же достижения подобия свойств очевидна, поскольку наше восприятие действительности как раз и происходит по закону тождества свойств. В мере нашего соответствия, будто бы находящейся снаружи действительности, мы ее и воспринимаем. В той мере, в которой я привожу себя в соответствие с Высшей Силой, я улавливаю какой-то ее фрагмент, который и называется «мой мир».

Вопрос: Как определить, что Высшая Сила, высшая действительность — это отдача?

В иной форме невозможно привести мир в состояние равновесия. Бааль Сулам говорит об этом в своей статье «Мир». Мы не можем проверить, сколько отдает каждый человек, и не можем определить, какова должна быть мера его отдачи остальным. То есть мы не знаем, каким должно быть правильное получение от каждого, и какой должна быть правильная отдача каждому, согласно его требованиям.

Ведь каждый из нас родился с отличным от остальных характером, имеет другие свойства и иные условия. Поэтому справедливым распределение может быть только на основе отдачи, а не получения. Человек должен делать ради ближнего все, чтобы удостоиться вознаграждения в виде слияния с Творцом. Если это будет для него вознаграждением, то он будет получать для себя только в мере, необходимой для существования, а все остальное отдавать, так как жалко терять столь возвышенное вознаграждение — свою связь с Творцом.

Пока этого не произошло, человечество будет совершать круг за кругом, страдая и мучаясь. Иначе невозможно. Всегда будут разочарованные, неудачники и горемыки. Эго никогда не даст человеку покоя. Перейти же от эгоизма к отдаче можно либо вследствие невыносимых страданий, либо придя к осознанию необходимости этого с помощью доказательств, которые ученые вместе с нами могут представить людям. Тогда они станут остерегаться своего эгоизма, так же, как сегодня остерегаются микробов, веря, что те существуют.

Мы не видим в мире многих вещей, однако опасаемся их и пытаемся избежать встречи с ними. Наша голова забита сложившимися стереотипами, и мы живем, руководствуясь ими. Вся наша система ценностей, утверждающая, что хорошо иметь богатство, власть, — не более чем набор стереотипов. Еще никто не доказал, что наши ценности — это действительно хорошо. Наоборот, мы видим отрицательные результаты достижения их. Тем не менее они приняты всеми.

В конечном итоге наука докажет всем, что переход к отдаче — необходимость.

Какова цель творения

Цель творения — достичь существования в единой Высшей Силе. Однако нужно помнить, что в духовном нет времени. Поэтому происходящее с нами не означает, что несколько тысяч лет назад началось нисхождение душ, которые сейчас должны подняться в какое-то место, и на этом все закончится. Если речь идет о вечности, то даже наше понимание ее говорит о том, что вечное существует постоянно, и существовало всегда, вне нашего ощущения времени.

Мы должны понять, хотя это невозможно выразить словами, что нет, никогда не было и никогда не будет ничего, кроме одной Высшей Силы. Существует, всегда существовало, и будет продолжать существовать ощущение нашего «Я». Высшая Сила, которую мы называем Творцом, хочет, чтобы «Я», ощущающее себя существующим отдельно от Творца (не важно, в какой мере: совсем не ощущает Творца, или ощущает в какой-то степени), объединилось с Ним так, чтобы между ними не было никакой разницы.

Данный процесс происходит не в координатах времени. Он вечен. Это невозможно объяснить, поскольку мы накрепко привязаны к понятию времени. Существование Вселенной мы измеряем миллиардами лет, существование человека — тысячами, его жизнь — десятками лет, и потому не можем воспринять истинное положение дел. Наша внутренняя незавершенность, несовершенство создает в нас ощущение течения времени.

Вопрос: Это результат нашей неисправленности?

Разумеется. Однако если сказать, что когда-то мы были неисправленными, сейчас осуществляем процесс исправления, и скоро достигнем Окончательного исправления, то тем самым мы так же попадаем в рамки времени. Мы используем глаголы «было», «будет», что неверно. Все существовало всегда, и будет существовать. Нельзя сказать, что чего-то не было, а сейчас есть. Это невозможно выразить словами. Мы просто должны понять, что существует то состояние, в котором мы еще не находимся.

Декарт, Ньютон, Эйнштейн

Законы Ньютона, законы Декарта, законы традиционной медицины, любая из семи так называемых основных наук исследуют реальность, выделяя из нее какую-то определенную часть и занимаясь этой ограниченной областью. У тебя болит печень — вот тебе средство от печени, возникла другая проблема — вот средство для ее лечения. Такой подход работает. Однако он не отвечает на вопрос обо всей Вселенной в общем как о едином целом, потому что ты не знаешь, насколько, заботясь об исправлении в одном месте, ты наносишь вред — в другом.

Это основная претензия, проблема, о которой говорят современные физики и вообще все ученые. Верно, что, действуя в соответствии с такими законами, как законы Ньютона, законы медицины и всего остального, мы в определенной степени якобы добиваемся успеха — по крайней мере, так это видится нашему взору. Мы создаем сложные аппараты, лечим органы человеческого тела, и человек не чувствует боли! Он живет еще десять лет! Так что же вы хотите?

Ученые говорят: «Что мы можем еще сделать? Я лечу одно, он лечит другое... Конечно, мы латаем дыры, но, по крайней мере, мы делаем это! Вы же говорите, что есть еще что-то, но мы этого не видим, предъявите нам доказательства! Может быть, тогда мы этому последуем. Ведь сколько нами расходуется денег, сил, времени..., но тем не менее мы столкнулись с проблемой. Мы видим, что своими действиями вредим всей системе».

До эпохи Декарта, Ньютона существовало отношение к миру как к одному, единому живому организму. Человечество не обладало какими-либо глубокими познаниями, но существовала некая общая философия. Хотя в этом тоже не было четкости — все одно целое, но при этом существовало язычество...

Однако, с XVI—XVII веков (собственно говоря, со времени Ари[1]), начинается иной процесс развития науки и промышленности, когда разрушается общий, глобальный подход, и человечество приходит к детерминирован-

---

[1] Ари — Ицхак Лурье Ашкенази, 1534—1572, методика которого описывается в его трудах. Современная каббала основана на методике Ари, рассматривающей каббалу в качестве науки.

ному подходу. Все разделяется на части, и каждая начинает изучаться отдельно. Каждая наука развивает свою узкую область, и между ними нет никакой связи.

В наши дни мы снова начинаем раскрывать, насколько сильно связаны между собой разные части реальности. Мы видим, что невозможно заниматься одной лишь областью, не принимая во внимание всю остальную действительность. Тогда перед нами встает проблема: если мы хотим учитывать всю действительность, то мы не способны с этим справиться. Поскольку, если я возьму определенный фрагмент реальности, то для него будет справедлива физика Ньютона. Даже ядерная физика тоже дает лишь частичное описание действительности и работает в каком-то ограниченном диапазоне, и биология, и медицина. Если же я хочу применить правильный подход и принять в расчет полный спектр проблем, то там уже все от меня исчезает, обращается в ничто, и я не владею ничем. Это истинное положение на сегодняшний день.

То есть основной определяющий момент — отношусь ли я к мирозданию как к единому целому или к каждой его части отдельно.

Вопрос: По поводу уравнений Ньютона...

Уравнения Ньютона были справедливы до определенного уровня. Допустим, до момента достижения скорости света. Когда мы приближаемся к скорости света, эти уравнения перестают работать — масса начинает стремиться к бесконечности, время — к нулю, и законы Ньютона становятся непригодны.

Эйнштейн, как бы разрешил эту проблему, расширив уравнения Ньютона так, чтобы они были справедливы и для других условий. Время, движение и пространство становятся не ограничены нашими обычными земными представлениями. И тогда, если объект движется с обычной скоростью, в рамках обычных времени, движения и пространства, то уравнения Эйнштейна сводятся к уравнениям Ньютона. Но если мы переходим к огромным космическим пространствам, к скорости близкой к скорости света, то там снова необходимы уравнения Эйнштейна.

То же самое происходит с законами ядерной физики. Все зависит от того, в каком направлении мы проводим исследование, на какую глубину мы проникаем в материю. Тем не менее никакие из этих законов не распространяются на все мироздание в целом.

В чем же здесь дело? Ученые утверждают, что мы должны соотноситься со всем мирозданием, исследовать его, понять, как оно в общем работает. Однако они не говорят, что при этом мы должны быть другими. Они говорят: «Нам нужно больше материалов, больше энергии, больше знания, больше формул — больше, больше и больше, и за счет этого мы достигнем понимания и власти над природой. Они не говорят, что мы придем ко всему этому, если изменим наше намерение. Они думают, что можно этого достичь, если мы станем умнее. То есть этот подход в любом случае должен потерпеть неудачу.

Вне нас ничего не существует

Из того, что мы не можем определить точное положение предмета, вовсе не следует его местонахождение в двух и более местах. Однако вопрос не в том — находится ли объект в твое отсутствие во многих местах или не находится. Без тебя его вообще нет! Вообще не существует ничего вне тебя. Как только ты нацеливаешь свой взгляд в соответствии с каким-то параметром — выбираешь определенное расстояние или проверяемую тобой частоту волны и так концентрируешь свое наблюдение, то там ты и раскрываешь его.

Вне тебя ничего нет, а ты реализуешь свое решимо внутри себя, и поэтому у тебя всегда есть только одна возможность.

Вопрос: Итак, у меня нет бесконечного числа возможностей, а каждый раз, когда я смотрю, есть только одна-единственная возможность?

Тебе некуда больше смотреть. Ты смотришь внутрь своего решимо. Снаружи ничего нет. Разница между двумя подходами (ученых и каббалистов) — в самом направлении. Либо ты смотришь наружу и думаешь, что там существует бесконечное число возможных состояний. Либо ты смотришь внутрь себя.

Не соглашайся с теми, кто смотрит наружу и говорит: «Есть бесконечное число возможностей. Мы не знаем, что там снаружи, но мы что-то улавливаем».

Ничего они там не улавливают! В этом заключается принципиальное различие. Ты живешь внутри своего решимо, а оно — одно.

Есть ли связь между земными органами чувств и духовным

Происходит ли изменение в пяти естественных органах восприятия у каббалиста, который начал использовать шестой орган чувств?

Нет! С этим нет никакой связи. Наши пять органов ощущения — это телесные органы, которые не изменяются. Великий каббалист может иметь нарушения зрения или слуха, а его шестой орган чувств будет работать на огромных духовных расстояниях, проникая через все миры.

Изменения в шестом органе чувств также не добавляют каких-либо особых возможностей остальным пяти органам чувств, не отражаются на них ни положительным, ни отрицательным образом.

Хотя и наблюдаются некоторые явления, потому что человек, обладая телом и вместе с тем шестым органом ощущений, и испытывает влияние этого органа на другие, но это иное влияние. Это влияние на общие силы, общие возможности. Мы знаем по себе, что когда у человека происходит духовный подъем, то все его чувства обостряются, он становится более чувствительным. Он весь горит, у него больше энергии, но речь идет не о самих органах ощущения, а об общем возбуждении, об общем желании наслаждаться, которое пробуждается и способно больше воспринимать.

Не может быть неожиданного, сверхъестественного улучшения, например, слуха, чтобы человек начал слышать на более далекие расстояния, как дельфины или птицы. Этого, конечно, не происходит. Наши пять органов восприятия относятся к телу, и нет никакой связи между ними и шестым органом чувств.

Общий закон мироздания — альтруизм

Общий закон означает, что это слепой закон, но как мы в таком случае можем утверждать, что Управление — это нечто постоянное, не обладающее никакой гибкостью?

Дело в том, что если человек хочет руководить, управлять каким-то процессом, он должен поступать гибко, принимать в расчет все условия, и согласно ситуации своевременно вносить исправления, ведя все к цели, которую он себе поставил. Поэтому он, конечно же, должен быть вовлечен в этот процесс, и гибко реагировать на происходящее.

Для Творца: начало, середина и конец — это одно и то же, у Него отсутствует понятие времени, и все творение заключено в Него. По отношению к Нему мысль, желание и действие — это все одно и то же, и отношение, которое Он определил к творению, — это, в сущности, все Его руководство и управление, в этом все заключено, и не требуется какого-то изменения ни в начале, ни в конце.

Творец — это общий закон мироздания, который неизменен, не является гибким, Он постоянен и вечен. Общий закон мироздания — это альтруизм, а все другие законы — это отдельные составляющие того же закона.

Вопрос: Общий закон мироздания — альтруизм. Однако разве то, что происходит с нами, происходит только из альтруистических соображений?

Мы должны признать, что да. Один поедает другого, что-то развивается, что-то отмирает. Таковы законы природы. Мы вынуждены признать, что все происходящее в природе, несмотря на наше непонимание и отсутствие правильного ви́дения, — это этапы развития, которые будут происходить до тех пор, пока мы не придем к пониманию общего закона совершенной отдачи.

Если нам это не кажется таковым, так это только наше ошибочное представление. Мы видим, что единственное творение, которому будто бы дана свобода действовать в этом мире, это человек. Когда он начинает действовать, желая сделать что-то более альтруистичное, чем всегда — убивает микробов, уничтожает мух, — впоследствии только больше страдает от этого. Со временем, когда он глубже проникает в общий механизм природы, он начинает чувствовать, что такими действиями он только нарушает природный баланс, понимая, что и волки и овцы необходимы, и необходимо, чтобы одни поедали других.

Однако что такое альтруистический закон? Общий закон мироздания — это целенаправленный закон — привести всех к совершенной отдаче. Когда мы являемся свидетелями какого-то отдельного случая, то, конечно же, не можем там усмотреть ничего, похожего на альтруизм.

Сколько существует в мире такого, что совершенно не подходит для того, чтобы назвать это действиями Творца! Люди убивают, насилуют и чего только не совершают. Как вообще ведет себя вся природа, что происходит даже на ее неживом и растительном уровне? Там нет ничего, что можно назвать альтруизмом. Один поедает другого.

Возьми животный мир, начиная, скажем, с рыб, все их действия направлены только на то, чтобы проглотить. Как существуют все животные и звери, начиная с крохотной блохи до слона или кита? Все только и делают, что едят, поглощают. Так где здесь закон альтруизма? В неживой и растительной природе всегда побеждает сильнейший и властвует над более слабым. Все определяется законом силы — побеждает тот, кто сильнее. Так где здесь альтруизм?

Мы не принимаем во внимание, что альтруистический закон — это общий закон мироздания, то есть самый высший закон. К нему мы должны прийти, но до этого еще необходимо развиваться. Развитие же происходит именно за счет желания наслаждаться. Если ты начнешь развиваться при помощи альтруизма, ты не сможешь развиваться, потому что это «хафец хесед» (ничего не желающий для себя). Никто не сможет развиваться, если будет находиться только в свойстве хафец хесед, не будет ничего желать для себя.

Поэтому мы обязаны развиваться именно в такой разрушительной и наиболее грубой форме, пока эгоистическое желание не вырастет до состояния, когда человек начнет понимать, что его действия становятся разрушительными для него самого. Тогда происходит осознание зла и так далее.

Альтруистический закон находится на самом высшем уровне, но ниже он делится на мир духовный и этот мир, где его проявления, его действия кажутся несоответствующими, противоположными этому закону. Это происходит потому, что закон альтруизма имеет определенную цель. Однако если его цель — привести всех к совершенному альтруизму, то почему нам все кажется обратным, противоположным?

Это обычный аргумент людей нерелигиозных: «О каком добром Творце может идти речь, разве вы не видите, что происходит во всем мире — уничтожения, убийства и тому подобное. Чего только нет! Да и как все вообще происходит в природе, не говоря уже о человеке?» Конечно же, здесь не видно никакого милосердия и никакого хорошего отношения Творца к творениям. Разве кто-то наслаждается? Однако все принимается в расчет только относительно Конечного состояния.

Вопрос: Человек приходит к осознанию губительности для него желания наслаждаться. Но какое развитие может существовать на других уровнях природы, ведь там никогда не произойдет осознания разрушительной силы эгоизма?

Ни на одном уровне природы, кроме человеческого, нет никакого развития, а все включено в человека. У человека происходит развитие желания наслаждаться, до тех пор пока он не приходит к прозрению, что в рамках этого мира он губит себя. Тогда он понимает, что ему стоит перейти от желаний человеческого уровня к желаниям духовным. Природа же не может этого сделать, потому что она не развивается. Человек также не развивается в своих телесных желаниях. Мне всегда будут нужны еда, тепло и все то, что необходимо для моего тела, несмотря на мой духовный уровень. Это природа.

Вопрос: Почему на нижних ступенях все тоже основано на силе, власти и получении, если общий закон — это альтруизм?

Альтруизм — это самая высокая категория, которая относится к состоянию Бесконечности, находится на уровне Бесконечности. Можно сказать, что это такой уровень или общая сфера. Там действует общий закон отношения Творца ко всему творению — Закон абсолютной отдачи.

Целью Творца по отношению ко всему творению, находящемуся под властью этого Закона внутри этой сферы, является привести все творение к истинной взаимной отдаче. Когда будут отдавать, достигнут Его уровня, Его состояния.

Общий Закон действует в самой общей внешней сфере, снаружи. Он не действует явно внутри каждой отдельной детали. Он действует в них для того, чтобы развивались и уподобились этому общему Закону.

До Окончательного Исправления, пока человек еще не использовал все, что у него есть для исправления во имя отдачи, — природа: неживой, растительный, животный уровни, то есть этот мир не изменяется. В гмар тикун (окончательном исправлении) произойдет исправление и «лев а-эвен» (каменное сердце). Наш мир соответствует лев а-эвен, наш мир — это все, кроме точки в сердце, это все, что ниже нее, он — отпечаток с лев а-эвен, в котором нет ни одной искры отдачи. Когда лев а-эвен будет исправлено, наш мир будет исправлен как часть лев а-эвен.

Мы не знаем, какой тогда будет форма жизни, появятся ли добрые намерения у рыб и волков. Вообще неизвестно, в какой форме мы тогда будем ощущать действительность, но произойдет изменение. Хотя, что значит изменение природы с получения на отдачу на уровне неживой природы, мы пока не знаем.

Вопрос: Как можно сказать о свойстве, об общем Законе, что он любит и что он добрый?

Проблема в том, что у нас существует два вида отношений к чему-либо. Есть объект и есть то, что он собой представляет. Скажем, есть конкретный человек, но, кроме того — он в чем-то хорош, в чем-то плох. То есть я выражаю отношение к человеку и отношение к его свойствам.

Творец не разделяется на некий образ и какие-то свойства внутри Него. Творец — это только закон, свойство, действующая сила. Как я могу соотнести с силой какой-то образ? Без образа же я не могу думать, прилепиться к чему-то. Как я могу прилепиться к какой-либо силе, к некому свойству?

Верно, в нашем мире это трудно себе представить. Однако по мере того, как человек начинает внутри себя ощущать какое-то свойство отдачи, или желание достичь этого, или чувствовать нечто неясное, он начинает понимать, что его свойство отдачи и внешнее свойство отдачи, которое существует, что и является Творцом, — это главные качества, которые есть в нем и в Творце, и между ними должно произойти слияние.

Мысли о теле, о внешних облачениях отходят на второй план. Тогда ему не важно, что Творец — это сила, что Творец — это закон, и что он прилепляется к этому закону. Я прилепляюсь к этому закону и хочу, чтобы этот закон воплотился во мне, чтобы он определял все мои мысли, все мои желания и действия. Тогда я стану Им самим.

То есть я буду думать согласно этому закону, он полностью захватит меня, и не будет разницы между мной и этим законом. Ведь и сейчас я действую согласно закону природы, и мне только кажется, что есть я, и отдельно от меня существуют законы природы, и я могу выбрать — действовать мне согласно им или нет. Нет такого. Я и сейчас действую в соответствии с этими законами.

То же самое касается и Творца. То есть нет ничего сложного в том, чтобы прилепиться к этому Закону. Это происходит после того, как человек почувствует, что он весь — это действие этих законов.

Существует ли объективность

Объективно — это значит совершенно независимо от желания получать наслаждения. В таком случае, несомненно, в зависимости от желания отдавать. Невозможно быть совершенно независимым ни от чего. Такого не бывает в реальности. Все зависит или от желания получать или от желания отдавать. Когда человек действует независимо от своего желания получать, считается, что он объективен, когда он смотрит на себя, как на творение, со стороны желания отдавать, со стороны Творца. Нет более этих двух точек наблюдения.

Исследователи природы нашего мира не могут смотреть со стороны. Разве это будет не со стороны его природы, не со стороны его тела? Разве он пытается выйти из своего тела? Даже если он сумеет разделить себя на несколько частей, это не будет означать, что он выходит из себя.

Например, я был с кем-то в ссоре, даже хотел его убить. Когда же у меня сменилось настроение, я начал думать, что смогу ужиться с ним, не надо его убивать, пусть живет. Разве это называется, что я сейчас более объективен, чем раньше? Я не могу выйти из себя.

Только когда я отдаляюсь от предыдущего состояния, считается, что я объективен по отношению к предыдущему состоянию, но что это за объективность? Просто есть разница между двумя состояниями, между двумя свойствами, из которых я наблюдаю за кем-то или чем-то.

Существует Творец и творение, и все можно рассматривать с точки зрения либо желания получать, либо желания отдавать, но не называй это объективным. Если ты думаешь, что объективно — это независимо ни от чего, то такого нет в природе. В действительности не существует чего-то, что было бы независимо ни от чего. Всегда есть зависимость от того, кто смотрит и какими свойствами он обладает. Иначе это совершенно абстрактная философская точка зрения, у которой нет никакой основы.

Вопрос: Что такое средняя линия, о которой мы говорим, что она не относится ни к свойствам Творца, ни к свойствам творения?

Разве средняя линия не относится ни к свойствам Творца, ни к свойствам творения? Это не верно! Средняя линия означает, что Творец и творение могут смотреть вместе в одном направлении, то есть она возникает в зависимости от того, насколько мы обладаем общими свойствами. Средняя линия — это то место, где мы слиты друг с другом. Мое желание наслаждаться — это левая линия, а мое намерение — это правая линия, когда я соединяю намерение с желанием и могу использовать их вместе в одном действии — это называется средней линией. Раздвоение находится во мне, а в средней линии я слит с Творцом.

Инструмент исследователя

Никакая наука этого мира не требует от человека изменить себя для того, чтобы он стал способен исследовать и понимать законы природы. Это верно! Потому что законы природы — это наши законы, и мы обладаем той же природой. Я пребываю в подобии свойств с неживой, растительной, животной природой в этом мире, и поэтому могу исследовать эту природу.

Однако когда мы ведем речь об исследовании иной природы, с которой у нас нет подобия свойств, мы должны сначала приобрести кли. Кли для исследования — это кли, которое ощущает. Кли, которое ощущает, делает это только согласно подобию свойств — насколько я становлюсь подобен духовной природе, настолько я могу ее исследовать. Здесь нет иной возможности. Тот же самый закон подобия свойств при восприятии чего-то чуждого действует как в духовном, так и в материальном.

Что такое человеческая личность

Что такое человеческая личность? Не теряет ли человек свою индивидуальность после того, как он сливается с Творцом, с Высшей Силой?

Мы не понимаем того, что мы никогда не выходим из-под власти Творца, и нет никого, кроме Него. О какой индивидуальности, о какой свободе идет речь? Мы должны быть в состоянии, якобы противоположном Ему, чтобы понять, насколько это нежелательно, и желать слияния с Ним. Когда мы стремимся из противоположного Ему состояния к слиянию с Ним, мы уже начинаем оценивать Его свойства, начинаем понимать, что Он Особенный, Высший. Я говорю о свойствах: Он — это Его свойства отдачи.

Тогда мы можем, скажем, объективно, совершенно независимо захотеть быть такими как Он. Чтобы дать нам эту возможность решить, что Его состояние – это самое лучшее, совершенное, вечное, полное, Творец создал в нас эту иллюзию, что мы якобы не находимся под Его властью, что мы находимся вне Его, что мы противоположны Ему, свободны. Из этого состояния у нас есть возможность наблюдать за Ним и издалека решать, что такая форма самая желательная.

Таким образом, человек не только не теряет свою индивидуальность, приближаясь к Творцу, он тем самым реализует свое решение быть большим и более свободным. Как сказано в статье Бааль Сулама «Неживое, растительное, животное, человек»: чем более развит человек, тем бо́льшие у него желания и больше свободы. Расти относительно Творца, означает быть более свободным от Него, но, приняв на себя Его свойства. В той мере, в какой я соглашаюсь принять на себя Его свойства, в этой мере я стану подобен Ему, в этой мере я выйду из-под Его власти, и стану как Он, стану свободным, вечным, совершенным. Здесь присутствует и нечто, что ему противоположно в соответствии с законом обратной зависимости светов и келим.

То, что мы пребываем в обратной Ему природе, до Окончательного Исправления дает нам ощущение, когда мы не можем сравнить противоположность келим и светов. Поэтому мы и думаем, что если мы сливаемся с Творцом, мы аннулируемся. Мы не аннулируемся. Когда мы поднимаемся и сливаемся с Ним, мы сливаемся со свойством отдачи, становимся, наоборот, свободными от Него. Потому что отдача – это свобода, когда я извлекаю из себя, отдаю, и не нуждаюсь в чем-то внешнем.

Интуиция с точки зрения каббалы

Каббала – это наука о поведении эгоистического желания получать наслаждения, о материале, о природе творения. Когда мы о чем-то говорим, что-то исследуем, то исходим из точного знания, которое постигнуто каббалистами. Отсюда нам известно, что существует простой закон зависимости между светом и келим.

Есть такие состояния света и келим, когда свет облачается в кли частично, и тогда мы называем это окружающим светом, внешним, внешним кли, свечением издалека, решимо. Если понимать эти названия буквально, то на самом деле не существует состояний, которые описывались бы такими словами, как светит «издалека» или «вблизи», «внешний» или «внутренний», решимо, свечение, «ор толада» (вторичный, производный). Однако когда свет не наполняет кли полностью, это дает то, что мы называем частичными формами наполнения келим.

По той же причине в нашем мире существует точное знание, и вместе с тем есть предчувствие, интуиция и так далее. Это значит, мы не знаем, какое точно наполнение есть в каком-то желании, или есть что-то, но не в достаточно ясной и понятной форме. Поскольку для того, чтобы что-то было понятно, желание получать должно участвовать в этом наполнении всеми своими четырьмя уровнями.

Когда оно не участвует всеми своими четырьмя уровнями, у него появляется ощущение, будто что-то есть, но точно не известно, что это такое. Отсутствует понимание, постижение, но существует постижение частичное, не ясное. Это называется интуицией.

То есть все явления, которые мы ощущаем как не окончательно оформленные, непонятные, недостоверные — все это проекция происходящего в духовном мире. Сам вопрос: «Существует ли все это наверху?» — является неправомерным. Ведь в этом мире не может быть ничего такого, чего бы не было наверху. Наоборот, изначально наверху существуют какие-то явления, а затем уже они происходят в нашем мире. Поэтому все эти неизвестные явления, о которых у нас есть некие приблизительные, недостоверные представления, обусловлены состоянием наших келим, которые еще не полностью закончены, вследствие чего они не получают окончательное наполнение, и потому кли так воспринимает какое-то явление.

Есть ли связь между кругооборотами жизни

Все пройденное человеком в предыдущих кругооборотах входит в следующий кругооборот и служит подготовкой к последующему продвижению. Нет возврата к предыдущим воплощениям. «Поднимают в святости и не опускают». Связь между кругооборотами существует в гораздо более простой форме, чем человек представляет себе, начиная фантазировать на тему своих предыдущих жизней. Во всем этом нет никакой необходимости, поскольку все пройденное нами мы уже прошли, и сейчас это служит нам основой для следующих ступеней. Нет никакой необходимости возврата к предыдущим состояниям.

Верно, что мы используем предыдущий опыт, но только в качестве опыта. Это не значит, что мы возвращаемся к пройденным нами когда-то состояниям. Опыт предыдущих кругооборотов состоит в том, что от пройденных мной состояний, в которых света входили в келим, а затем выходили из них, остались решимот, и теперь на основе этих решимот возникают уже новые парцуфим, то есть, новые состояния.

Необходимо относиться к этому гораздо более реально, поскольку вся возникающая по этому поводу путаница вызвана отсутствием осведомленности, знания. В действительности наша связь с предыдущими кругооборотами имеет гораздо более простые формы. Существует проблема выразить их, но необходимо отмежеваться от всех этих дремучих представлений.

Получение и отдача

Что такое свет? Свет тождественен отдаче. Больше объяснять нечего. Свет — это отдача. Что такое отдача? Невозможно сказать, что представляет собой отдача, не говоря о получении. Творец измеряется только относительно творения. Без творения нет Творца, есть только

Ацмуто. Говоря о свете, мы говорим о ком-то, ощущающем этот свет как благо и наполнение. О свете мы можем говорить только с точки зрения получающего, ощущающего, постигающего его.

Поэтому свойство отдачи — основная сила, властвующая над всем мирозданием, называется светом или Творцом, Высшей Силой, Высшим изобилием. Откуда у нас есть для него так много имен? Имя зависит от получающего, от того, как он ощущает и расшифровывает получаемое им. Если он говорит о явлении, вызываемом светом, то называет его «изобилие», «благо», «наслаждение». Говоря о самом свете, он называет его «Дающий». Если он говорит о том, что высший свет властвует в нем, то называет его вместо света Творцом, Создателем.

В конечном итоге существуют только два этих элемента, и каждый из них можно объяснить, лишь исходя из другого, невозможно говорить об одном в отрыве от другого.

Отдача — это Дающая сила, существующая в том случае, если есть, кому отдавать, по отношению к кому совершать действие отдачи. Поэтому об отдаче мы говорим только по отношению к кому-то, а не просто так. Не может быть отдающего самого по себе. Об отдающем можно говорить только тогда, когда есть кто-то, кому отдают. Сила отдачи означает, что есть кто-то, наслаждающийся от получения этой силы.

Получение тоже нельзя определить без отдачи. Нет одного без другого, без того, чтобы один светил другому. Как я могу сказать: «Я хочу получать»? Откуда я знаю, что я хочу, и что хочу получать, и есть нечто, что я желаю получить?! Напротив меня обязано быть что-то! Понимаю я или не понимаю, ощущаю или нет, но что-то обязано существовать хотя бы в моем подсознании — не важно, как именно. Желание не существует без какого-то наполнения, стоящего против него, и наоборот, это стоящее против него наполнение имеет смысл, только если есть соответствующее ему желание.

Вопрос: Что представляет собой желание наслаждаться?

Желание наслаждаться — это отпечаток света, созданный внутри него и ощущающий свет вне себя как свойство Отдающего.

Вопрос: Если отдаче всегда должно противостоять получение, то что же будет в состоянии Окончательного Исправления, где нет противостояния получения отдаче?

В Окончательном Исправлении есть противостояние между желанием и светом! Нет противостояния между намерениями! Если нет желания, то нет и творения. Противостояние между желанием и светом остается. Желание как раз остается. Если не будет желания, то как можно сказать что-то о Творце и о творении? Слияние осуществляется на основе естественного разделения между ними, существующего изначально, — этой переломной точки, точки моего «Я», точки разбиения, находящейся в свете, противоположной свету.

Вопрос: В окончательном исправлении уже нет получения?

В Окончательном Исправлении есть получение, да еще какое — бесконечное! Только в этом состоянии соединяются противоположности.

Духовное ощущение

Как определить, мое ощущение — духовное или психологическое? Понять, что такое духовное ощущение, может только тот, кто находится в нем, и тогда он понимает разницу. Можно сказать иначе. Мы что-то ощущаем. На самом деле мы ощущаем наше внутреннее впечатление. Я не знаю, что представляет собой мир. Я ничего не воспринимаю вне себя. Я воспринимаю свое отношение. Поэтому все ощущаемое мной является действительно психологическими, внутренними явлениями, исходящими из того, кто я такой и что собой представляю.

Духовное ощущение возникает прежде всего после Сокращения, когда я не принимаю в расчет свое возможное впечатление и ощущение. Это называется «не ради себя». «Не ради себя» означает, что мне не важно, будет ли мне плохо или хорошо, испытываю ли я такое впечатление или другое. Я нахожусь выше этого впечатления, потому что слит с Творцом.

Тем самым я нейтрализую свое «Я», и тогда начинаю ощущать находящееся за его пределами. Это называется ощущением Творца. Духовное ощущение — это ощущение Творца, отдачи. Я ощущаю Того, кого я люблю, Кто находится якобы вне меня, чувствую, что отдаю Ему, что наслаждаюсь Его наслаждением, не зависимым от меня, то есть не зависимым от моих внутренних психологических ощущений. В этом состоит разница между материальным и духовным ощущением.

Это духовное ощущение также является моим внутренним ощущением. Однако когда я испытываю его после совершенных во мне изменений, сделав сокращение на свое желание, направив его работу в соответствии с другой формулой — отдачи, тогда я ощущаю в нем другие явления, называемые мной «светом», «Творцом». Все это я воспринимаю внутри себя. Вне меня нет ничего. Об этом мне ничего не известно. Говорят, что существует некий Ацмуто, но я не знаю этого. Я ощущаю только находящееся внутри меня. Рош (голова), Тох (внутренняя часть) и Соф (окончание) парцуфа — все это находится внутри меня. Я же ощущаю другие явления, поскольку исправил себя и работаю согласно другой формуле, по иной программе. В этом заключается разница между материальными и духовными явлениями.

«Я» и «внешний мир» существуют внутри меня

Получается, что мы представляем собой создания, каждое из которых живет внутри себя, ощущает самого себя или в так называемой эгоистической форме, или в другой — альтруистической. Однако каждый сосредоточен внутри себя и ощущает проходящие внутри него явления.

Существует ли что-нибудь вне этого ощущения, когда мы на самом деле выходим из него? Или же это всего лишь внутренние явления, при которых мне кажется, что я выхожу наружу, подобно тому, как сейчас мне кажется, что есть я и внешний мир, а на самом деле это — всего лишь мои внутренние явления, разделяющиеся на «Я» и «внешний мир», существующие внутри меня? Сейчас я ощущаю себя существующим в теле, и этот мир — вне меня.

Когда я меняю свою внутреннюю программу на другую, то также ощущаю себя по-другому, как некий уловитель ощущений — душа, чувствующая и точку моего «Я», и Творца, будто бы находящегося с ней в неких отношениях, в какой-то связи.

Все это происходит внутри чего-то, что называется творением. Кроме этих происходящих внутри него явлений, может ли быть когда-нибудь выход наружу, не являющийся лишь внутренним ощущением творения? И кто это творение, внутри которого все это происходит? Сейчас мне кажется, что творение — это я, и вне меня существует мир. Может быть, потом мне будет казаться по-другому? Предположим, я умер, освободился от материального тела, и тогда я буду казаться себе другим творением, пребывающим в другом мире, в другом окружении, с другим внутренним ощущением? Короче говоря, существует ли выход вовне творения? Говорят, что существует, но нам это неизвестно.

На данный момент разница между духовными и психологическими ощущениями состоит в том, что или я воспринимаю себя и мир, в котором живу, в соответствии с так называемым желанием наслаждаться ради себя, или воспринимаю себя и свой мир согласно желанию отдавать. Однако, безусловно, и то, и другое — мои внутренние проявления.

Заключение

Завершилась уникальная, первая в истории человечества встреча традиционной науки и науки каббала. Но завершилась она только на страницах этой книги. В нашей действительности, в нашем мире все традиционные науки только начали свой путь к каббале. Путь назад — в том, что истоки, корни всех наук, философий и религий лежат в каббале, Вы уже смогли убедиться, прочитав эту книгу.

Ценность любой науки в мире определяется ее пользой для человека. Польза науки каббала заключается в том, что человек, раскрывая собственную, скрытую от него ранее природу, познает причины всего происходящего, а также связи между всеми причинами и следствиями. Познание причины сотворения раскрывает цель нашего существования и дает нам представление о состояниях, которые мы должны пройти по цепочке причинно-следственных связей до приобретения окончательной формы.

Наука каббала занимается постижением всего сотворенного Творцом. Она изучает как сам материал творения, так и все, что с ним происходит: под воздействием чего, по каким законам происходит, каким образом мы можем эти законы освоить, как можем с их помощью управлять собой и достичь наивысшего состояния, включить в себя все мироздание и его законы и стать единственным творением, созданным Творцом.

Каббала включает в себя все метаморфозы, происходящие с созданным желанием насладиться — материей творения, — а также все частные науки, которые мы развили из своего небольшого опыта взаимодействия с материалом нашего мира. Наука каббала включает в себя не только все эти науки, но также и все остальные законы мироздания, поскольку она занимается исследованием материи на самом глубоком уровне.

Соответственно, все науки нашего мира включены в науку каббала. Она уравнивает все виды наук в общем для всех порядке — так, что каждая наука получает соответствующее ей место в общей системе каббалистического знания.

Мы подводим все науки к общему знаменателю, нисколько при этом их не принижая, а, наоборот, полностью раскрывая их значимость. Что может раскрыть физика сверх того, что можно постичь в эгоистическом отношении к материалу? То же самое можно сказать о химии, биологии и прочих естественных науках.

Прогресс всех наук состоит в их совмещении с наукой каббала, как изначально включающей их в себя.

Мы обнаруживаем, что в течение последних десятилетий науки во всем мире не развиваются, и речь идет о тупиковой ситуации. Дальнейшее их развитие, как утверждают сами ученые, зависит от того, как будет изменяться наблюдатель, то есть сам исследователь, ученый.

Ученый должен изменить средства исследования, начать изучать материал, уподобляя его себе, пропуская его через себя, а не просто исследовать материал вне себя: ученый должен начать приобретать альтруистические свойства, возможность выхода из своего эго. Все, что можно было изучить, поглощая информацию об окружающем мире, уже изучено. Можно продолжать накапливать данные, но ничего нового мы уже не получим. Дополнительное знание о мире можно получить, не собирая информацию, изолируя себя при этом от внешнего мира, от исследуемых объектов и действий, а внося самого себя в них. Как утверждал Нильс Бор, исследователь изучает не окружающий мир, а лишь свои реакции на него. Поэтому прежде, чем начинать исследования, нужно обрести свойство отдачи. Это качество, которым

Высшая сила (Творец) проявляется относительно творения. Для того чтобы развить в себе подобное свойство, необходимо вынести свое ощущение вовне себя, за пределы своего «тела» (желания), чтобы оно вообще не имело ко мне никакого отношения, чтобы между ощущением в нем и мной был разрыв.

Наука, построенная на поглощении, закончилась. Начинается следующий этап: наука, находящаяся вне исследователя.

Приложения

Словарь терминов

Во всей реальности нет ничего, кроме «Творца» и «творения», «света» и «сосуда». Таким образом, действительность состоит из двух компонентов: высшего и низшего. Многочисленные названия и обозначения, содержащиеся в каббалистических трудах, призваны подчеркнуть различные стороны взаимоотношений двух этих факторов. Далее приводятся основные термины, которые их определяют.

- Высшая сила, высший свет, Творец, Бог, Божественность, свойство отдачи, сила отдачи, желание отдавать, желание наслаждать, желание давать, высшая природа, природа альтруизма, духовная природа, свойство бины, Дающий, Управляющий, Наделяющий.
- Кли, сосуд, творение, низший, душа, свойство получения, желание получать, желание наслаждаться, низшая природа, природа эгоизма, материальная природа, свойство малхут, получающий.

Каббалисты проводят различие между разнообразными проявлениями, обстоятельствами и действиями, характеризующими высшего и низшего. Каждое из них получает свое название. Таким образом, каббалисты помогают тем, кто раскрывает высший мир, разобраться в нем. Данная книга написана для читателей, еще не пребывающих в постижении высшего мира, а потому здесь не акцентируется внимание на этих деталях восприятия, и упоминающиеся названия, как правило, адекватны друг другу.

Каждый каббалистический термин сопровождается различными трактовками, которые обусловлены местом и действием рассматриваемого объекта, а также его взаимосвязями со всеми остальными компонентами реальности. Необходимо отметить, что определения данного словаря предназначены исключительно для понимания тем, затронутых в настоящей книге.

Абстрактная форма	Форма отдачи без материала, в который она облачается.
Авиют	Величина желания наслаждаться, присущего творению.
Адам Ришон	Общая душа (или система), включающая все частные души, спускающиеся и облачающиеся в тела людей в этом мире.
Альтруизм	Желание наслаждений, исправленное намерением наслаждать ближнего, не получая наслаждения для себя. Желание совершать отдачу ближнему.
Бог	Общая сила отдачи, управляющая всеми душами с тем, чтобы они достигли уподобления ей. Излучает свойство Божественности получающим.
Божественность; высший свет; Высшая сила	Свойство отдачи, управляющая всей реальностью. Включает в себя все частные законы высшего мира и нашего мира.
Вечность	Включение желания наслаждений в свойство отдачи, благодаря чему в желании возникает ощущение неограниченного получения света.

Взаимовключение	Соединение по внутренним свойствам.
Внутренние сосуды, внешние сосуды	Картина реальности воспринимается и ощущается в сосудах творения. Внутренние сосуды полностью исправлены и формируют ощущение внутренней реальности. Внешние сосуды, исправленные частично и неокончательно, формируют картину внешней реальности, удаленной в мере того, насколько они исправлены. Чем более исправлено кли, тем ближе ощущается в нем реальность. Чем менее исправлено кли, тем реальность ощущается в нем дальше.
Внутренний свет	Раскрытие высшего света в творении согласно мере уподобления ему по свойствам.
Возникновение материального мира	Спуск желания наслаждений на последнюю ступень отдаления от Творца, от формы отдачи.
Высшая природа	Желание совершать отдачу.
Высшая сила; высший свет, Божественность	Свойство отдачи, управляющее всей реальностью. Включает в себя все частные законы высшего мира и нашего мира.
Высшая система	Состояние, в котором желание наслаждений и наполняющий его свет пребывают в обоюдной отдаче, как это было решено замыслом творения.
Высший мир; духовный мир	Состояние, раскрывающееся человеку, который достигает какой-либо меры подобия по свойствам Высшей силе.

Высший свет; Божественность; Высшая сила	Свойство отдачи, управляющая всей реальностью. Включает в себя все частные законы высшего мира и нашего мира.
Десять сфирот	Десять частей творения. Первые девять частей представляют собой свойства света, а десятая часть — это желание наслаждений.
Добрый и несущий добро	Отношение Творца к творению.
Духовное кли	Место приема наполнения ради отдачи ближнему. Средство для отдачи ближнему.
Духовное развитие	Развитие намерения ради доставления удовольствия Творцу, т.е. развитие свойства отдачи.
Духовное рождение	Обретение первого намерения ради отдачи (экрана) над свойством творения.
Духовность	Свойство отдачи и все, что в нем ощущается.
Душа	Желание отдавать.
Желание наслаждать	Намерение доставить удовольствие кому-то постороннему, находящемуся вне желания. Желание совершать отдачу.
Желание наслаждаться	Желание получать удовольствие и наслаждение.
Желание получать	Человеческая природа. Естественное желание наполнить себя, созданное высшим светом.
Замысел творения о принесении блага созданиям Творца	Причина сотворения, включающая его цель, т.е. конечную форму творения.

Зарождение, малое состояние и большое состояние	Три состояния, которые проходит творение в духовном мире, пока не достигает полной меры исправления.
Исправление	Преображение человеческого желания наслаждаться в желания отдавать.
Истинная наука	Наука каббала.
Каббалист	Создание, достигшее определенной меры подобия свойств с Творцом.
Картина Творца	Сумма исправленных свойств в желании наслаждений ощущается им как картина Творца.
Кли; сосуд	Место приема наполнения.
Конец исправления	Финальное уподобление по свойствам между творением и Творцом.
Корень души	Место души в системе Адам Ришон.
Кругообороты душ	Состояния, которые души проходят, облачаясь в тела этого мира.
Любовь к ближнему	Стремление удовлетворить все нужды ближнего без всякого личного расчета.
Любовь к Творцу	Стремление творения доставить удовольствие Творцу всеми средствами и возможностями, имеющимися в его распоряжении.
Малхут	Желание наслаждаться, присущее творению.
Малхут мира Бесконечности	Общее желание всей реальности, созданной высшим светом.

Материал	Желание наслаждаться.
Материальность	Желание самонаслаждения.
Материальный мир	Реальность, ощущаемая человеком в пяти физических органах чувств.
Махсом	Граница между этим миром и миром духовным.
Мир Бесконечности	Состояние, при котором душа неограниченна в своей способности совершать отдачу Творцу.
Миры	Состояния, которые человек проходит в процессе уподобления собственных свойств свойству высшей силы, свойству отдачи.
Намерение	Использование желания наслаждений на пользу себе или на пользу ближнего.
Наполнение	Чувство удовлетворения в желании наслаждаться или в желании отдавать.
Наслаждение	Результат наполнения желания наслаждений.
Наука каббала	Раскрытие системы взаимосвязей между светом и кли на всех уровнях развития кли — с начала сотворения реальности и до конца ее исправления.
Наш мир	Реальность, ощущаемая в желании наслаждений.
Низшая природа	Желание получать наслаждение.
Облачение (облачившийся, облаченный)	Процесс, по ходу которого одно свойство принимает на себя форму другого свойства, чтобы ее посредством выполнить определенное действие.

Общий закон	Закон отдачи, охватывающий всю реальность и обязывающий все ее части уподобиться ему.
Осознание зла	Постижение намерения получать для себя как вредоносного для духовного развития творения.
Отдача Творцу	Получение наслаждения от Творца с намерением доставить Ему этим удовольствие.
Парса	Граница, отделяющая систему высшего управления и провидения от творений, которых эта система приводит в действие. Парса располагается между миром Ацилут и мирами Брия, Ецира, Асия.
Парцуф	Структура из десяти сфирот творения, действующих в уподоблении высшему свету по свойствам.
Постижение	Итоговый уровень понимания (понимание всех деталей данного состояния).
Потребность	Реакция желания наслаждений на наполнение до его получения.
Приближение к Творцу	Возрастающее постижение свойства отдачи.
Принести благо Своим созданиям	Действие Творца по отношению к творению.
Процесс творения	Процесс, ощущаемый желанием наслаждений, развивающимся в подобии Творцу по свойствам.
Ради отдачи	Намерение при выполнении действия, призванного доставить дополнительное удовольствие ближнему/Творцу.

Ради получения	Намерение при выполнении действия, призванного доставить дополнительное удовольствие себе.
Разбиение	Возникновение намерения наслаждаться светом, присутствующим в творении.
Развитие желания наслаждений	Этот термин характеризует не само желание, а намерение, с которым оно используется. Все желания, от самого малого до самого большого, находятся в человеке. По мере того как человек постигает намерение на отдачу и хочет использовать свои позывы с намерением ради отдачи Творцу, — в нем пробуждаются желания. Таким образом, развивается именно намерение, которое и делает возможным использование дополнительных желаний.
Разделение души Адам Ришон	Разделение общей души на частные души, т.е. на отдельные желания. Когда все желания души Адам Ришон обладали общим намерением ради отдачи Творцу, они были объединены в одно желание. Когда же намерение их обратилось на самонаслаждение, каждое желание почувствовало себя отделенным от других, что и привело к разделению общей души.
Раскрытие Творца	Раскрытие свойства отдачи в желании наслаждений сообразно с величиной экрана, имеющегося над этим желанием.

Решимот	Желания до их реализации посредством намерения. Ячейки информации о состояниях и формах, которые человеку предстоит реализовать.
Сверху вниз	Возникновение желания наслаждений. Убавление силы отдачи в творении.
Свет	Сила отдачи, приводящая в действие и наполняющая все души.
Свет, возвращающий к источнику; окружающий свет; свет исправления	Сила, исправляющая эгоистическую природу и поднимающая ее к свойству отдачи.
Свойство творения	Свойство получения.
Свойство Творца	Свойство отдачи.
Слияние	Результат уподобления по свойствам между творением и Творцом.
Снизу вверх	Возрастание силы отдачи в творении.
Совершенство	Состояние творения, пребывающего в подобии Творцу по свойствам.
Сокращение	Действие желания, ограничивающего себя от получения наслаждения.
Сосуд; кли	Место приема наполнения.
Стремление	Добавка к желанию наслаждений, пробуждающаяся в творении как следствие его усилий по достижению желаемого.
Ступени постижения	Этапы исправления намерения, на которых ощущается форма свойства отдачи.

Суть	Корень и основа всех форм.
Творение	Желание наслаждений, раскрывающее свою связь с Творцом.
Творец	Уровень, которого человек должен достичь в результате всех своих исправлений. Ступень, на которую человек должен взойти, чтобы увидеть ее, т.е. постигнуть самостоятельно.
Точка в сердце	Пробуждение к тому, чтобы познать высшую силу.
Уподобление свойств	Обретение человеком свойства отдачи вместо присущего ему свойства получения.
Усилия	Старания желания приблизить к себе наслаждение.
Форма, облаченная в материал	Форма отдачи, принимаемая желанием наслаждений.
Формы; шаблоны	Виды получения или отдачи.
Цель творения	Принести совершенное благо созданиям Творца, чтобы творение достигло Его статуса.
Человек	Желание наслаждений, постигающее свойство отдачи и уподобляющееся Творцу, высшему свету.
Человек этого мира	Желание наслаждений, находящееся в состоянии сокрытия от Творца и потому лишенное всякого намерения относительно Него, будь то намерение ради получения от Творца или ради отдачи Ему.

Шаблоны; формы	Виды получения или отдачи.
Шестое чувство	Душа, намерение ради отдачи, экран — духовное кли, получающее и ощущающее высшую силу согласно мере подобия ей по свойствам.
Эгоизм	Желание наслаждений, представляющее собой материал творения. Не является ни хорошим, ни плохим, подвергается сознательному использованию с намерением насладить себя (ради получения). Намерение это причиняет зло ближнему косвенно или напрямую.
Экран	Намерение ради отдачи ближнему, поставленное над желанием творения наслаждаться.
Этот мир	Самое малое желание наслаждений, оставшееся без всякого намерения по отношению к высшему свету, будь то намерение наслаждаться им или насладить его.

Каббалисты о каббале и науке

Рабби Моше Хаим Луцато (Рамхаль)
1707–1747

Все людские дела следуют одному внутреннему управлению, и внутренняя суть облачается во всех людей. Сказано об этом: «природа» исчисляется так же, как «Бог». Такова истина, которую Творец скрыл от философов.

Книга войн Моше, правило 15

Рав Авраам Ицхак а-Коэн Кук
1865–1935

Рационализм развивается лишь потому, что за порогом сознания потаенное выполняет свою научную и моральную работу. Фальшиво мнение масс о том, что потаенное застилает чистую науку и точный анализ. Именно благодаря потаенному, мощью его пения и глубиной его логики будет утвержден на прочном фундаменте статус постоянно обновляющейся науки, а также точного, рассудительного и вдумчивого анализа. Два эти фактора, изобилующие великим богатством, — потаенное и анализ — в своем сочетании выстроят нерушимую основу для высшего Божественного света, лежащего выше любого слова или познания.

Света́, с. 92

Опыт времен, рост социальных отношений и расширение наук в немалой степени очистили человеческий дух.

Света веры, с. 67

Будущее человека настанет тогда, когда он разовьется до прочного духовного статуса. В таком случае одна специальность не будет застилать другую — наоборот, в каждой науке и в каждом чувстве отразятся весь научный океан и вся эмоциональная бездна. Именно так обстоят дела в истинной реальности.

Света святости, часть 1, с. 22

Существует высшая добродетель, состоящая в том, что по мере возрастания силы открытого образования растет и сила скрытого знания.
Света святости, часть 1, с. 65

Человек всегда должен поддерживать свой естественный разум со всеми его качествами, чтобы обеспечивать духовную составляющую здоровой души в здоровом теле.
Света святости, часть 1, с. 66

Человек должен приспосабливаться к материальной природе и ее силам, изучая ее механизмы и действия по законам, которые управляют миром. Человек и сам является их частью, они царят внутри него так же, как царят снаружи. Аналогично этому, еще сильнее должен и обязан человек адаптироваться к законам духовной природы, обладающим еще большей властью над всей реальностью, частью которой он является.
Из записных книжек
Сокровища рава Кука, часть 4, с. 23

Еще раскроется в мире величина и сила желания человека, а также решающее значение его ступени в реальности — раскроется благодаря тайнам Торы. Раскрытие это станет венцом всех наук.
Света святости, часть 3, с. 80

Где-то в 1923 году, когда профессор Эйнштейн посетил землю Израиля, была организована встреча между ним и равом Куком... Рав затронул универсальность теории профессора и засвидетельствовал, что таково широко распространенное и не раз упомянутое мнение древних еврейских источников: открытие, которое приводит в изумление все человечество, обнаруживается в каком-то потаенном уголке нашей древней и, как правило, оккультной литературы, возносящейся в искрометном полете к вершине мира идей и взмывающей выше любой ступени исторического концептуального развития. То же случилось и с чудесным открытием, захватывающим дух всех мыслителей мира, — с новой теорией относительности профессора, источник которой тоже заложен в книгах по оккультизму и каббале, а также в комментариях на них.

...А также что профессор Эйнштейн доблестью своего могучего разума рассек этот великий океан и нашел в нем проход для идей и суждений, проход, от которого ответвляются пути ко всем наукам. Разумеется, профессор с вниманием и интересом выслушал эти слова, а затем отметил философскую сторону отзыва рава о своей теории, сказав, что, по сути, в основе своей она стоит на уровне технического восприятия устройства всего мира.

Описание встречи рава Кука с Эйнштейном, принадлежащее раву Шмуэлю Шульману
Сокровища рава Кука, часть 1, с. 87

Рав Йегуда Лейб а-Леви Ашлаг (Бааль Сулам) 1884–1954

Не существует никакого научного решения вопроса о том, как духовный объект может вступать в контакт с материальными атомами тела и приводить его в движение... Для следующего шага вперед по научному пути, нам требуется лишь наука каббала. Ведь все науки мира включены в мудрость каббалы.

Статья «Свобода воли»

Принцип кругооборота относится также ко всем явственным деталям реальности: всякая вещь по-своему живет вечной жизнью. И хотя ощущения говорят нам, что все тленно, это не более, чем видимость. А на самом деле здесь имеют место лишь кругообороты, и ни одна деталь не останавливается и не затихает ни на мгновение, кругообращаясь на колесе смены свойств и не теряя ни капли своей сути на протяжении всего цикла, как это показано физиками.

Статья «Мир»

Истинная наука, в которую включены все внешние науки, — семь ее маленьких дочерей.
Предисловие к книге «Лучезарный и приветливый лик», параграф 4

Как невозможно обеспечивать жизнь тела в мире без определенных знаний о материальных законах природы... так же нет права на существование у души человека, если она не обретет определенных знаний о законах природы систем духовных миров... Человек кругообращается, пока в совершенстве не постигает истинную науку.
Статья «Из плоти своей узрю Бога»

Наука в целом делится на две части: одна называется «познанием материала», а другая — «познанием форм».
...Та часть науки, которая занимается свойствами субстратов реальности, — будь то материалы без форм или материалы вместе с формами — считается «познанием материала». Такое познание зиждется на эмпирической основе, т.е. на доказательствах и аналогиях, взятых из прикладного опыта. Эти практические эксперименты служат надежной базой для верных заключений.

А вторая часть науки ведет дело лишь с теми формами, которые абстрагированы от материала и не имеют с ним никакого контакта... Поэтому любое научное познание подобного рода неизбежно основывается на одной лишь теоретической базе. Оно выводится не из практического опыта, а только из умозрительного разбора. Вся высокая философия относится к этому виду познания. Как следствие, многие современные интеллектуалы отмежевались от нее, недовольные обсуждением на теоретической основе, которая, по их мнению, ненадежна. Как известно, надежной считается лишь эмпирическая база.

Также и наука каббала делится на две вышеуказанные части: познание материала и познание форм. Однако, в отличие от традиционной науки, здесь даже вторая часть

полностью выстраивается на анализе практического интеллекта, т.е. на прикладной опытной основе.
Статья «Материал и форма в науке каббала»

Истинная мудрость, то есть мудрость Божественного раскрытия на его пути к творениям, подобно внешним наукам, должна передаваться от поколения к поколению. Каждое поколение добавляет свое звено к предыдущим, и тем самым наука продолжает свое развитие, становясь вместе с тем пригодной к более широкому распространению в массах.
Статья «Учение каббалы и его суть»

Изучение животного мира земли и условий его жизни — это чудесная наука. Изучение Божественного изобилия в мире — как реальности ступеней развития, так и ее механизмов — тоже складывается в чудесную науку, несравненно превышающую физику. Ведь физика представляет собой лишь частную отрасль знаний об отдельном мире, она относится лишь к своей области и не включает в себя никаких других наук.

В отличие от нее, истинная мудрость является общим знанием о совокупности неживого, растительного, животного и говорящего уровней, находящихся во всех мирах, включая все их проявления и механизмы, включенные в замысел Творца. Таким образом, каббала занимается важнейшими практическими вопросами, и потому все науки мира от мала до велика включены в нее. Удивительным образом она совмещает разнообразные науки, отличные и далекие друг от друга, как восток и запад, сочетая их в равном для всех порядке. В итоге все науки неизбежно пройдут ее путями.

Например, физика выстроена согласно порядку миров и сфирот. Астрономия выстроена согласно тому же порядку. Не является исключением и музыка, а также все прочее. Итак, мы видим, что все науки соответствуют единой связи и единому отношению, все они похожи на каббалу, как сын похож на мать, и потому взаимообусловлены. Иными словами, истинная мудрость обусловлена всеми науками, а все науки обусловлены ею. А потому, как известно, не найдется подлинного каббалиста, который не обладал бы всеохватывающими знаниями обо всех науках мира. Знания эти обретаются из самой науки каббала, в которую они включены.

Статья «Учение каббалы и его суть»

Исследователи и мыслители о каббале

Иоганн Рейхлин
1455–1522

Немецкий гуманист и филолог. Служил личным советником императора Германии и был близок к главам Академии Платоновской (Джованни Пико делла Мирандола и другим). Являясь одним из лучших специалистов по древним языкам (латинский, иврит и древнегреческий), Рейхлин исследовал их культуру. В книге «О каббалистическом искусстве» он пишет:

«Мой учитель Пифагор, отец философии, все-таки перенял свое учение не от греков, а скорее от иудеев. Поэтому он должен быть назван каббалистом... И он был первым, кто перевел слово «каббала», неизвестное его современникам, на греческий язык словом «философия».

«Философия Пифагора проистекла из безбрежного океана каббалы».

«Каббала не оставляет нас проводить нашу жизнь в прахе, но поднимает наш разум к вершине познания».

Reuchlin, De arte cabbalistica

Джованни Пико делла Мирандола
1463–1494

Знаменитый итальянский ученый эпохи Ренессанса. Его философские воззрения сочетают неоплатонизм и учение каббалы. Пико делла Мирандола учился в университетах Болоньи, Феррары и Падуи, владел ивритом и арабским. В числе прочего исследовал каббалистические труды, Пятикнижие Моисеево и Коран, читая их на оригинальных языках. В своей книге «Философские, каббалистические и теологические выводы» он пишет:

«Та самая, настоящая трактовка Закона, которая была раскрыта Моисею в Божественном откровении, называется «Каббала» (dicta est Cabala), что у иудеев означает «получение» (receptio)».

«В общем, существует две науки... Одна из них называется комбинаторика (ars combinandi), и она является мерой прогресса в науках... Другая говорит о силах Высших Вещей... Обе они вместе называются у иудеев «каббалой».

Pico della Mirandola, Conclusiones philosophicae, cabalisticae et theologicae

Пауль Риций
1470–1541

Доктор медицины и профессор философии в университете Павии. Служил врачом и личным советником императора Максимилиана I, а также личным воспитателем наследного принца Фердинанда I. В книге «Введение в теорию каббалы» Риций пишет:

«Каббалой» называется способность выведения всех Божественных и человеческих тайн из Закона Моисея».

«Дословный смысл Писания подчиняется условиям времени и пространства. Аллегорический и каббалистический — остается на века, без временных и пространственных ограничений».

Ricius, Introductoria theoremata cabalae

Теофраст Парацельс
1493–1541

Швейцарский врач и естествоиспытатель. Был в ряду инициаторов применения химических лечебных препаратов в медицине. Считается одним из основателей современной науки. Вот, что он пишет в книге «Параграном»:

«Изучай каббалу (artem cabbalisticam), она объяснит тебе все!»
Paracelsus, Das Buch Paragranum

Курт Шпренгель
1750–1816

Немецкий врач и ботаник. Посвятил много времени исследованию истории медицины и ботаники. Прославился главным образом благодаря своему вкладу в современную науку, выразившемуся в стимулировании и поощрении микроскопических исследований тканей развитых растений. Вот его слова из «Наброска прагматической истории врачевания»:

«Адам — первый человек — хорошо знал каббалу. Он знал все обозначения вещей и поэтому дал животным подходящие имена, которые сами по себе показывали их природу».
Kurt Sprengel, Versuch einer pragmatischen Geschichte der Arzneikunde

Раймунд Луллий
1235–1315

Философ и писатель. Считается ведущим исследователем своего времени в области каббалы и ислама. Отрицал алхимию, анализировал и развивал учение о логике. Это привело его к изобретению первой логической машины. Вот отрывок из книги «Сочинения Раймунда Луллия»:

«Бытие, или язык, — это адекватный субъект науки каббала... Поэтому становится ясно, что ее мудрость в особенной мере управляет всеми остальными науками».

«Такие науки, как теология, философия и математика берут свои принципы и корни из нее. Поэтому все эти науки (scientiae) подчинены этой мудрости (sapientia). Их принципы и правила подчинены ее принципам и правилам, и поэтому их аргументация недостаточна без нее».

Raymundi Lullii Opera

Джордано Бруно
1548–1600

Итальянский ученый, философ, поэт и астроном. Преследуемый католической церковью за свои взгляды, был вынужден бежать из Италии во Францию. Вернувшись в Италию, был обвинен в ереси и сожжен на костре.

Джордано Бруно выдвинул целую серию космологических теорий, опередивших свое время: теория о существовании других планет, теория о вращении Солнца и звезд вокруг оси, теория о существовании во Вселенной бесчисленного множества тел, подобных Солнцу. Бруно также опроверг ошибочное средневековое разграничение между Землей и небом. В книге «Итальянские сочинения» он пишет:

«Каббала дает высшему принципу непроизносимое имя; из него она выводит в форме эманации второй ступени четыре принципа, из которых каждый вновь разветвляется на двенадцать, а они, в свою очередь, на 72, и так далее до бесконечных дальнейших разветвлений, как существует бесконечное количество видов и подвидов. И в конечном итоге получается, что все Божественное можно привести к одному Первоисточнику, так же, как и весь свет, который светит исконно и сам по себе,

и изображения, которые преломляются во множестве зеркал и в стольких же отдельных предметах, можно привести к одному формальному идеальному принципу — Источнику всех этих изображений».
Giordano Bruno, Le opere italiane

Готфрид Вильгельм фон Лейбниц
1646—1716

Знаменитый немецкий философ, ученый, математик, энциклопедист, дипломат и адвокат. Лейбниц ввел термин «функция», разработал дифференциальные и интегральные исчисления, а также двоичную систему счисления, на которой основана современная область электроники и компьютеров. Вот, что он пишет в своей книге «Фундаментальный труд об основах философии»:

«Поскольку у людей не было правильного ключа к Тайне, страсть к знанию была в конечном итоге, сведена к различного рода пустякам и поверьям, из чего возникла своего рода «вульгарная каббала», которая далека от настоящей, а также всевозможные фантазии под ложным названием магии, и этим полнятся книги».
Leibnitz, Hauptschriften zur Grundlegung der Philosophie

Фридрих Шлегель
1772—1829

Немецкий писатель, критик, философ и мыслитель. Один из основоположников санскритологии[1] и сравнительного языкознания. Высказывание, датированное 1802 годом, отражает его взгляд на каббалу:

«Настоящая эстетика — это каббала».

---
[1] Научная дисциплина, изучающая санскрит и литературу, написанную на санскрите (*толково-словообразовательный словарь Ефремовой*).

Иоганн Вольфганг Гете
1749–1832

Один из величайших деятелей культуры в мировой истории, писатель, поэт, драматург, мыслитель, гуманист, политик и ученый. Гете считается одним из наиболее влиятельных писателей в немецкой литературе XVIII–XIX веков. Сделал многочисленные открытия в биологии, оптике, акустике, геологии, метеорологии, цветоведении, психологии и физиологии зрения. В своей книге «Материалы к истории учения о цветах» он пишет:

«Каббалистический подход к Писанию — это герменевтика[1], и лишь она полностью соответствует самостоятельности, чудесной оригинальности, многогранности, всеобъемлемости и неизмеримости его содержания».
  Goethe, Materialien zur Geschichte der Farbenlehre

---

[1] Учение о толковании текстов.

Каббала для начинающих

В 2 томах
Изд-во «Астрель», Москва, 2007 г.

В августе 2007 года впервые вышло в свет учебное пособие по каббале для всех желающих изучать эту науку.

Мы предлагаем Вам познакомиться с этим учебником.

Вы можете приобрести учебник в книжных магазинах Вашего города или заказать через Интернет по адресу: http://www.kabbalahbooks.ru

Предисловие

При создании учебника авторы впервые предприняли попытку системного изложения основных разделов классической каббалы современным научным языком. Учебник составлен на основе материалов книг и уроков Михаэля Лайтмана по данной науке в Международной академии каббалы. Учебник снабжен чертежами, справочной информацией, ссылками на аудио- и видеоматериалы уроков и печатные классические каббалистические источники.

Использование изложенного здесь научного материала рекомендуется как для самостоятельных занятий, так и в качестве учебного пособия для слушателей Международной академии каббалы, и открывает возможность для более углубленного изучения оригинальных трудов великих каббалистов — «Книга Зоар», «Учение Десяти Сфирот» и других.

Основные разделы науки каббала

Каббалисты такие же люди, как и все мы. Однако, вооружившись соответствующей методикой, они произвели такую работу над собой, что начали ощущать внешний объективный мир. Это каббалисты и объясняют в своих трудах, знакомя нас с системой духовных миров. Как в любой науке, в каббале существует теоретическая и практическая сторона, куда включается собственный язык, понятийный аппарат, самостоятельные инструменты исследования, постановка экспериментов и сравнительный анализ.

Всего насчитывается *пять миров, пять уровней познания*. Все они, как описывает «Книга Зоар» — основной каббалистический источник, — присутствуют внутри человека и построены по единой схеме. Каждый из миров является следствием предыдущего. Все, что есть в нашем мире — любой атом, клетка, организм, — имеет свой корень, прообраз в мирах духовных. В Высших мирах нет материальных понятий, там существуют только силы, порождающие объекты нашего мира и наши ощущения.

Между силой Высшего мира (причиной, корнем) и ее следствием (ветвью) в нашем мире существует четкая определенная связь. Поэтому любой корень вверху мы можем отобразить с помощью его ветви в нашем мире. На этом принципе основана передача информации, называемая «язык ветвей», с его помощью созданы основные каббалистические труды («Книга Зоар», «Древо жизни» и др.).

В каббале имеется три основных раздела, и в каждом из них говорится о постижении Общего Закона мироздания. Есть раздел, изучающий нисхождение[1] миров[2] и импульсов поступенчато, вплоть до нашего мира. Он занимается исследованием исключительно Высших миров: их функционированием, управлением, воздействием на нас; тем как мы своими поступками влияем на Высшие миры, и какова их обратная реакция.

Следующий раздел каббалы занимается методикой развития души[3], *внутренней части человека*, принадлежащей Высшему миру. Эта часть не имеет ничего общего с виталь-

---

[1] Нисхождение — удаление от первоначального состояния.
[2] Миры — меры, степени скрытия Творца.
[3] Душа — духовный орган, который постепенно рождается в человеке, находящемся в нашем мире. Рождение души означает постепенное развитие ощущения воздействия духовных сил, возникновение минимального восприятия Творца.

ной, жизненной силой нашего организма, которая не отличает человеческие тела от животных.

Все процессы, связанные с нисхождением души в физическое тело, выходом из него после биологической смерти и нисхождением в новое тело, называются «кругооборотами души». В отношении тел такого понятия не существует.

Раздел каббалы, в котором разработан математический (понятийный) аппарат для описания духовных процессов, позволяет каббалисту изучать их воздействие на себе, анализировать, градуировать, сопоставлять поступающие свыше сигналы с собственными реакциями на них.

Математический аппарат каббалы состоит из:
- гематрий — цифровых записей духовных состояний миров и души;
- графиков состояния и зависимости взаимного влияния духовных миров и души;
- таблиц, матриц всевозможных включений свойств миров и душ.

В результате постижения с уровня нашего мира Высших духовных миров человек начинает ощущать единую систему и единый замысел творения. Однако еще до того, как он почувствовал присутствие духовного пространства, только приступив к изучению каббалы, человек уже начинает понимать, что без приобретения дополнительного органа восприятия он не сможет выйти за границы своего мира.

Конечной целью изучения данной науки является: *получение наивысшего наслаждения*, достижение *совершенства* своего существования, абсолютное познание, и как следствие этого — полное равновесие между внутренней системой (душой человека) и внешней, называемой «Творец».

На протяжении тысячелетий существования нашего мира каждое поколение отличалось от предыдущего все более эгоистическим характером душ. Поскольку постижение Творца или Высшего Закона природы происходит в самой душе, то если она качественно меняется, соответственно изменяется и методика постижения духовных миров.

Предмет изучения каббалы

Каббала — это наука о мироздании, его генезисе, общем устройстве, движении в целом и каждой его детали в частности.

Каббала изучает:
1) сотворение мироздания, включая духовные миры, наш космос, Солнечную систему, неживую, растительную, животную природу и человека;
2) течение и конечную цель процесса развития;
3) возможность вмешательства человека в этот процесс (антропологический фактор);
4) связь между сегодняшним состоянием и теми, в которых мы пребывали до появления на этой земле человека и общества;
5) смысл того отрезка жизни, в течение которого мы существуем как биологическое тело и ощущаем через него окружающий мир;
6) состояние, в котором мы существуем до нашего рождения; наше состояние в этом мире, состояние, в котором мы пребываем после смерти;
7) кругообороты жизни — существуют ли они, и каким образом связаны между собой;
8) возможность включения в течение земной жизни в высшую форму, в которой мы пребываем до момента рождения и после смерти;
9) источники наук, искусства, культуры — т.е. всего, что связано с языком, поведением человека, их корни и причины реализации именно в таком виде.

Все вышеперечисленные вопросы освещает каббала, потому что она выводит общий Закон, дает суммарную формулу описания всего мироздания. Эйнштейн мечтал найти формулу, которая бы объединяла всю Вселенную, со всеми ее деталями, понимая, что если такая формула истинна, то должна быть очень прозрачной: взаимодействие между несколькими параметрами путем простой функциональной зависимости. Каббала приводит нас к этой проясняющей все формуле. По крайней мере, к такому выводу пришли каббалисты в результате своих исследований, и человек, изучая каббалу, может лично убедиться в этом.

На каких данных основана каббала

Каббала основана только на точных, проверенных опытным путем данных, она не принимает во внимание никакие теории или гипотезы. Вся информация, на которой базируется эта наука, получена от людей, лично постигших ощущения Высшего мира, то есть осознавших, проверивших, измеривших и описавших свои постижения. Совокупность их исследований и образует весь научный материал каббалы.

В каббале, как и в любой науке, есть свой четкий исследовательский аппарат: математический и графический (в виде схем и таблиц). Вместо чувств, переживаний, впечатлений от воздействия Высшей управляющей силы, каббалисты оперируют векторами, интенсивностью притяжения и подавления желаний. Их соотношения измеряются численно, а желания и их наполнение определяются мерами. С помощью таких научных средств каббалисты описывают ощущаемое ими Высшее управление.

Цель изучения каббалы

- Воздействие учебного материала для изменения внутренних качеств с целью уподобиться свойствам Творца. Для этого необходимо желание присутствовать на уровне того, кто эту информацию ощутил и передал нам. Книги великого каббалиста XX века Бааль Сулама наиболее адаптированы для нашего поколения, поэтому основную часть учебного процесса мы посвящаем именно им.
- Истинная цель обучения состоит в выявлении внутренней связи с изучаемым материалом, поиск в себе всех раз-

бираемых объектов, свойств, действий, поскольку в каббалистических книгах речь идет только о том, что происходит с человеком, с его восприятием мира.

- Обучение должно быть не насильственным, а только в том виде, который приемлем для учащегося, и в соответствии с его вопросами и уровнем развития, умственным и внутренним. То есть ученик продвигается в изучении или постижении только в мере своего желания. Любое постижение в каббале предполагает внутреннее стремление исследовать на себе действия Творца, и здесь все зависит от собственного желания.

«Нет насилия в духовном» — это закон, который находится в основе наших желаний.

УРОК I
Восприятие реальности

> *Всегда есть достаточно света для тех, кто желает видеть, и достаточно тьмы для тех, кто желает обратного.*
>
> *(Блез Пакаль)[1]*

1.1. Предисловие

Естественным способом мы воспринимаем реальность посредством пяти органов чувств[2], и нам сложно ориентировать себя таким образом, чтобы сквозь эту реальность ощутить духовный мир[3]. Мы видим, как ошибаются люди, воображающие себе иные формы существования, принимая их за духовные.

Для того чтобы проникнуть в глубь материи и ощутить силы, действующие внутри нее, необходимо пользоваться определенной методикой и прилагать особые усилия. Все действующие в мироздании силы в конечном итоге соединяются в одну, именуемую Высшей силой, или Творцом. Творец организует, создает и содержит в Себе все частные силы, приводит их в действие и через них актуализирует материю, поскольку в любой материи всегда заключена частичка Его всеобъемлющей силы. Мы же ощущаем исключительно материю, то есть воздействие этой силы на нас.

Материей, или материалом, каббала называет желание[4], за которым стоит еще одно желание, приводящее его в дей-

---

[1] (*Pascal. Oeuvres completes. Paris*, 1954)
[2] Пять органов чувств – зрение, слух, обоняние, осязание и вкус.
[3] Духовный мир – реальность, ощущаемая в дополнительном, шестом, органе чувств, где находятся и действуют только силы без их материальных облачений.
[4] Желание – недостаток наслаждения и стремление к определённому виду наполнения (образу, предположительно несущему наслаждение). Так, например, голод, как недостаток наполнения, при наличии даже мысленного образа пищи, формируется в желание поесть.

ствие. Изначальное желание называется Творцом. Нашему восприятию трудно прорваться сквозь материю и увидеть Творца — ту внутреннюю силу, приводящую ее в действие.

Здесь уместен пример со стереограммой: на первый взгляд мы не видим на ней ничего, кроме беспорядочных мелких штрихов. Однако когда мы перестаем фокусировать на них свое зрение, то проникаем как бы внутрь картины и начинаем видеть трехмерное изображение.

Как перестать фокусироваться на внешней стороне реальности? Как сконцентрировать взгляд таким образом, чтобы разглядеть за картиной нашего мира силу, приводящую материю в действие? На эти вопросы дает ответы каббала, в этом и заключается ее методика.

Изучение данной темы поможет нам правильно настроить себя и увидеть единую всеобъемлющую силу, управляющую нами, приводящую материю в действие.

1.2. Три составляющих реальности

Комментарий профессора М. Лайтмана на статью Б. Ашлага (РАБАШ[1]) «Предисловие к книге «Плоды мудрости. Письма» (жирным шрифтом выделен текст статьи, обычным — комментарий).

Мы различаем множество ступеней и множество определений в мирах[2]. То есть реальность многогранна.

---

[1] РАБАШ — рав Барух Ашлаг (1906–1991), сын и ученик Бааль Сулама.
[2] Миры — вся совокупность наших ощущений (реакций на внешнее воздействие) создает в нас сугубо субъективную внутреннюю картину, называемую «наш мир». С помощью каббалистической методики человек развивает свои ощущения и начинает видеть мир в его истинной форме. Состояние, в котором мы сейчас находимся, называется мир Бесконечности (полное удовлетворение всех потребностей). Из всего этого уровня Бесконечности человек может ощущать различные степени получения, восприятия и постижения. Эти уровни постижения реальной, единственной и бесконечной действительности, в которой существуют творения, называются *мирами*.

Необходимо знать: когда говорится о ступенях и определениях, то имеется в виду постижение душами, в соответствии с тем, что они получают в этих мирах, то есть мы судим обо всем, что нас окружает, исходя из увиденного и постигнутого.

Мы находимся в реальности этого мира и видим, что существуют земля, деревья, дома, солнце, луна, небо, другие люди. Мы обозреваем действительность и выносим свои суждения, исходя из увиденного, из связей между объектами. Мы передаем свои ощущения от того, как они воздействуют на нас, и как мы можем воздействовать на них. Мы судим обо всем, исходя из собственных ощущений, в результате своего постижения.

...согласно правилу (оно существует в том числе и в каббале, как во всех других науках и методах познания): **«То, что не постигнем — не можем назвать по имени»**[1].

Это означает: если мы что-то не ощущаем, то ничего об этом не знаем и не можем дать этому никакого названия. Напротив, если говорится о чем-либо, имеющем отношение к каббале, то речь идет о *личном постижении*. То, что постигаем, мы именуем. Название присваивается нами согласно собственному ощущению. Определения «горячий» или «холодный» соответствуют тому, как мы воспринимаем данный объект; «большой» или «маленький» — тому, каким он кажется относительно нас, и так далее. Все имена и названия, которые мы даем объектам, местам, силам, действиям и поступкам, соответствуют тому, что проходит через нас, определяются нашим отношением к наблюдаемому.

...Слово «имя» указывает на постижение подобно тому, как человек дает название чему-нибудь лишь после того, как постиг в нем что-либо, и в соответствии с постигнутым им. Согласно тому, что мы постигаем, ощущаем, и в соответствии с нашим отношением к чему-либо, мы именуем это явление.

---

[1] *Ашлаг Й*. Плоды Мудрости. Письма. Иерусалим, 1999 (иврит). С. 64.

1.3. Каббала — наука о восприятии реальности

Каббала — это наука о восприятии («каббала» в переводе с иврита означает «получение», «восприятие»), о том, **как** я воспринимаю реальность. Каббала дает понять, что следует остановиться и подумать не о мире, находящемся вокруг нас, а о самих себе. Если мы изменим себя, окружающий мир тоже будет выглядеть по-другому, мы увидим его иным.

Я увижу, что мир прозрачен, что я прохожу сквозь него, в нем нет стен и перегородок. Я воспринимаю его разгороженным потому, что так устроены мои органы чувств. Будь они устроены иначе, я проходил бы сквозь стены, подобно рентгеновским лучам. Однако мои органы чувств устроены таким образом, что один материал кажется мне твердым, другой — жидким, третий — газообразным. Так я все это ощущаю.

Поэтому самое главное — знать, как мы можем изменить наше восприятие, и не просто изменить, а достичь состояния, при котором увидим вместо этого мира истинную картину, называемую миром бесконечности. Бесконечность означает отсутствие границ постижения, устранение предела в осмыслении, глубине воспринимаемой реальности. Тогда мы обнаружим единую силу. Мы не видим нюансов, не различаем ни красного, ни белого, не чувствуем ни сладкого, ни горького, ни давления, ни вакуума, никаких объектов, никаких иных сил. Все силы и все законы соединяются в одном поле, называемом *светом бесконечности*.

Что я собой представляю и какова эта реальность? Это реальность наивысшего духовного восприятия. Что происходит с моим телом? Я начинаю ощущать, что тела не существует, что оно — лишь мое впечатление от самого себя. Подобным образом изменяется и вся действительность. Я начинаю понимать, что мои представления о собственном рождении и жизни в каком-то мире, в неком окружении, на Земле, во Вселенной, являлись не более, чем внутренними. Содержание этих представлений определялось спецификой моих инструментов восприятия. Таким образом, человек выходит из своей ограниченности к бесконечному неограниченному восприятию и обнаруживает, что существует в иной форме. **Это существование в иной форме называется душой.**

Итак, мы постоянно пребываем в одной реальности — в поле, называемом светом бесконечности, или Творцом. Творец создал каждого из нас в виде точки, ощущающей саму себя. В конечном итоге существует одна сила, и в ней имеется точка, ощущающая индивидуальность, свою собственную жизненную силу. Эта точка развивается до тех пор, пока не начинает воспринимать реальность как бесконечность. Миры, души и все, что кажется нам существующим в этом мире, — суть временные феномены, присутствие которых в воспринимаемом нами поле обусловлено несовершенством способов нашего постижения.

По мере совершенствования келим этот мир становится все более прозрачным и, в конце концов, исчезает. Вместо него возникают картины, в большей степени соответствующие бесконечности и называемые духовными мирами: Асия, Ецира, Брия, Ацилут, Адам Кадмон и мир Бесконечности. Так совершенствуется мое восприятие. Поэтому Бааль Сулам говорит, что все воспринимаемое душами определяется их внутренними свойствами. В той мере, в какой меняются эти свойства, меняется и окружающий мир.

1.4. Закон подобия свойств

Есть я, и есть то, что я постигаю. Чтобы иметь возможность что-либо воспринять, мои органы ощущений должны быть аналогичны тому, что я воспринимаю. Соответственно, наша способность воспринимать духовный мир определяется степенью нашего подобия свету.

Именно поэтому мы должны приобрести свойство бины[1], свойство света. Его мы обретаем в единении с остальными душами: если я присоединяю к себе все другие души, то внутренне начинаю относиться к ним так же, как к ним относится Творец. Таким образом, я обретаю свойство бины и уподобляюсь свету. Когда я достигаю отношения к остальным душам, подобного отношению к ним Творца, то приобретаю аналогичные с Ним свойства, начинаю существовать в неограниченной реальности и становлюсь единым целым с Творцом. Ничего не меняется, кроме меня самого, но эта перемена полностью меняет мое восприятие.

Мир — это то, что я ощущаю внутри своих келим. Если я изменяю келим, то ощущаю другой мир. В нашем мире я могу чувствовать себя более или менее здоровым или бодрым, просто изменив свое настроение. В этом случае я замечаю, что мир тоже словно изменился. Я испытываю от него другие впечатления, воспринимаю вещи иным образом. Однако мое восприятие ограничено теми же самыми келим (я воспринимаю все внутри своего кли). Если же я выхожу из своего кли и начинаю улавливать восприятие извне, через остальные души — так же, как это делает Творец, то обретаю восприятие, не ограниченное моими свойствами.

Такой способ восприятия достигается опытом, практикой. Необходимо просто работать над собой и своими келим: начать ощущать их ограниченность и понимать, насколько истинная реальность не соответствует той, которую мы видим. Нужно усвоить, что мы воспринимаем все *противоположным образом*.

«Противоположным образом» не означает, что сейчас мы видим объекты в перевернутом виде, а затем наш мозг исправляет изображение. Мы воспринимаем все противоположным образом во всех органах чувств и во всех измерениях.

---

[1] Свойство бины — свойство света, в котором ощущается наслаждение от чувства отдачи, подобия Творцу. Это наслаждение называется ор хасадим.

Все, что я вижу внутри себя, во всех субъективных определениях, противоположно тому, что я начинаю видеть, выходя за пределы своих возможностей. Поэтому у Бааль Сулама написано, что человек, выходящий за эти пределы, говорит: «Увидел обратный мир». Начните воспринимать реальность, исходя исключительно из этой картины. В отличие от «бабушкиных сказок» или историй про чертей, духов и крылатых ангелов, такое восприятие даст вам объяснение всего происходящего и приведет в правильное состояние. Вы увидите, что нет ничего, кроме единой силы и человеческого восприятия изнутри этой силы. Ничего, кроме этого!

Вдруг начнешь понимать, что называется жизнью и смертью, когда человек, находящийся рядом с тобой, умирает, а когда живет. Почему видишь вещи в той или иной форме, благодаря чему они изменяются **в твоих глазах,** отчего одно плохо, а другое хорошо. Изменяются **не вещи**, изменяется тот, кто их **воспринимает**.

Этот новый опыт чрезвычайно сильно отличается от нашего обычного восприятия. Вначале это вносит путаницу, но впоследствии начинаешь ощущать истинную картину и видеть за ней силы, приводящие ее в действие. Начинаешь понимать, что **ты** рисуешь эту картину, что, в сущности, **ты** режиссер разворачивающегося перед тобой фильма, что **ты** сейчас создаешь его. Если ты перенаправишь свои силы и изменишь собственное восприятие, изменится и этот фильм. Это означает, что человек начинает изменять мир, за счет власти над своими силами привносить перемены в свои ощущения.

Тест

1. Что называется материалом творения?
   - материя;
   - желание отдавать;
   - желание насладиться;
   - человек.

2. На какие 3 части делится окружающая действительность с точки зрения духовного постижения?
   - Творец, творение, свет;
   - души, свет, Творец;
   - миры, человек, Творец;
   - Сущность Творца (Ацмуто), Бесконечность, души.

3. В чем разница между материальным и духовным миром?
   - в уровне желаний;
   - в количестве воспринимаемого света;
   - они находятся в разных измерениях;
   - в том, что в духовном восприятие осуществляется посредством других душ.

Правильные ответы даны в конце учебника.

КУРС ДИСТАНЦИОННОГО ОБУЧЕНИЯ

1. Курс «Основы науки каббала»

Первый и основополагающий курс, объясняющий основные законы и понятия науки каббала. Дается четкое определение науки каббала и раскрывается ее предназначение, рассматриваются пути постижения законов природы и их воздействия на человека.

2. Курс «Схема мироздания»

Рассматривается схема мироздания — от замысла творения до появления духовной конструкции, прообраза общей души, называемой Адам, частицами которой мы являемся. В приложении — большое количество схем и чертежей, воспроизводящих строение и механизм воздействия Высшей природы на человека. Особый язык позволяет каббалистам описывать реальность, постигаемую ими чувственным образом, но еще не явную для нас.

3. Курс «Восприятие реальности»

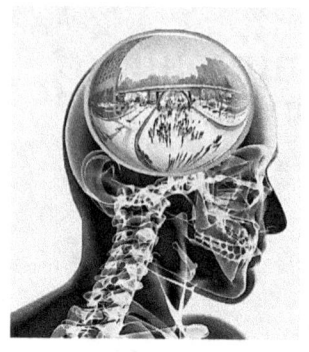

В этом курсе приводятся принципы исследования скрытой части реальности. Благодаря объединению двух частей реальности — скрытой и явной — становится возможным точное научное исследование, раскрытие истинных формул мироздания. Формируется подлинная форма существования всех частей реальности — вне времени, движения и пространства.

4. Курс «Каббалистическая теория развития мира»

Этот курс состоит из двух частей. В первой части дается сравнительная характеристика двух основных концепций сотворения мира: эволюционная теория Дарвина и теория Божественного создания Вселенной. Во второй части представляется каббалистическая модель сотворения мира, воссозданная на основе каббалистических источников. Рассматривается процесс образования материи нашего мира, причины появления первого живого организма. В увлекательной форме рассказывается о тех изменениях, которые произойдут со всем человечеством и с каждым человеком в самое ближайшее время.

5. Курс «История развития науки каббала»

Основываясь на исторических материалах, курс повествует о каббалистах прошлого, разработавших методику связи человека с Творцом. История человечества знает тысячи людей, постигавших Высший мир, однако созданием методики всегда занимались единицы. Кто первым постиг духовную материю? Каковы основные этапы развития каббалистической системы? Ответы на эти и многие другие вопросы вы получите, изучив этот материал.

6. Курс «Исследование мироздания»

В каббале объектом исследования оказывается сам человек: для получения достоверных и объективных результатов исследователь должен абстрагироваться от своих природных инструментов исследования (органов чувств) и приобрести новый орган, называемый на языке каббалы экран. Истинность и точность результатов исследования гарантированы в каббале строгими законами. Явственно устанавливаются границы исследований, разделяющие мироздание на постигаемую и непостигаемую части. Постижение происходит внутри человека в тот момент, когда он эмпирическим путем находит в себе свойство, полностью идентичное Творцу, причем результаты исследования имеют стопроцентную повторяемость и могут быть воспроизведены другими исследователями. Таким, абсолютно достоверным, методом человек постепенно раскрывает полную картину мира.

7. Курс «Каббала как интегральная наука»

Ценность любой науки в мире определяется ее пользой для человека. Польза науки каббала заключается в том, что человек, раскрывая собственную, ранее скрытую от него природу, познает причины всего происходящего.

8. Курс «Каббала и религия»

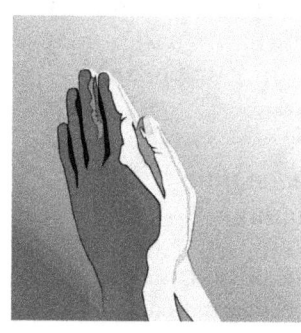

Ложная интерпретация каббалистических источников привела человечество к ошибочному пониманию законов природы и созданию различных верований. Этот процесс длился тысячелетия, порождая новые религии и учения. И сегодня провести четкую границу между истинным учением и ложными системами, мистикой, продажей амулетов, колдовством и другими методиками практически невозможно. Как разобраться в том, что есть истина, а что ложь, помогут материалы данного курса.

9. Курс «Каббала и философия»

В этом курсе проводится сравнительный анализ каббалы и философии как разных способов исследования реальности. Философия занимается рассуждениями о тех знаниях, действиях и свойствах, которые не находятся в четко определяемой области, поддающейся нашему опыту, поэтому ее знание абсолютно недостоверно, так как не подтверждается на практике. Рассуждения этой науки касаются отвлеченных понятий, о которых каждый может иметь свое мнение. То, что в философии определяется догадками, в каббале является опытным материалом.

10. Курс «Каббалистическая антропология»

В курсе рассматривается одна из самых спорных тем в мире — соотношение души и тела. Исследуются наиболее распространенные теории о душе и теле. Даются определения души и тела как каббалистических понятий и разбираются этапы развития души. Вы узнаете, что представляет собой душа, разберетесь в ее устройстве и предназначении.

11. Курс «Социология каббалы»

Курс затрагивает самый злободневный вопрос для каждого человека — в каких поступках мы действительно свободны, а в каких присутствует лишь иллюзия свободы. Природа позволяет нам ошибаться — как каждому человеку, так и человечеству в целом. В чем ее цель? И к какому состоянию природа ведет человека?

Этот курс поможет каждому желающему изучить ту область, в которой существует возможность принятия самостоятельных решений.

12. Курс «Программа развития человечества»

Все отрицательные явления нашей жизни, как индивидуальные, так и глобальные, являются следствиями несоблюдения законов природы. Глупо прыгать с крыши в надежде на снисходительность закона всемирного тяготения. Однако нам не понятен тот простой факт, что жизнь человеческого общества, система наших взаимоотношений управляются абсолютными законами.

Материалы курса позволят проанализировать свое отношение к жизни, понять, в чем мы противодействуем этим мудрым законам и каким образом можно грамотно их реализовывать для того, чтобы отыскать путь к гармоничному существованию. В этом курсе наряду с основными каббалистическими принципами представлены результаты последних исследований в различных областях науки.

Международная академия каббалы
под руководством профессора Михаэля Лайтмана

КУРСЫ ДИСТАНЦИОННОГО ОБУЧЕНИЯ
Бесплатно на сайте www.kabacademy.com

ОЧНАЯ ФОРМА ОБУЧЕНИЯ
Справочная информация о вводном курсе
в Вашем городе по телефону: +7 (495) 6460116

Новый телеканал в Интернете 24 часа в сутки
Фильмы, клипы, лекции по каббале,
интервью с самыми интересными людьми.
Смотрите бесплатно на сайте www.kab.tv

Интернет-магазин www.KabbalahBooks.ru
Справочная: +7 (495) 6496210
Единственный в России интернет-магазин
каббалистической книги.
KabbalahBooks — не просто информационный сайт.
Это особенное место, где собраны настоящие
сокровища, истинные ценности, мудрость,
накопленная человечеством веками.

Более 50 наименований товаров:
— книги на русском языке
— книги на английском языке
— книги на испанском языке
— книги на иврите
— фильмы, интервью на DVD
— аудиокниги
— каббалистическая музыка
— учебные программы на DVD

Дополнительно:
— материалы для начинающих
— книги и фильмы для скачивания
— архив лекций для начинающих
— вопросы и ответы
— каббалистический клуб
— полезные ссылки
— новости
— архив газеты «Каббала сегодня»

www.ingramcontent.com/pod-product-compliance
Lightning Source LLC
Chambersburg PA
CBHW072152070526
44585CB00015B/1103